特色淡水鱼类
健康养殖
模式与技术

——罗非鱼 加州鲈 鳗鲡

全国水产技术推广总站 ◎ 编

中国农业出版社
农村读物出版社
北京

BENSHU BIANXIE RENYUAN 本书编写人员

主　　编　王祖峰
副主编　张　翔　王　浩　江兴龙　黄太寿
编　　者　（按姓氏笔画排序）
　　　　　王　行　王　玮　王　浩　王金环
　　　　　王泽宇　王祖峰　叶　犟　白俊杰
　　　　　刘天密　刘胜敏　江兴龙　许志扬
　　　　　张　翔　张博远　周　玲　姜志勇
　　　　　黄太寿　康建平

　　2022 年 3 月 6 日，习近平总书记在看望参加全国政协十三届五次会议的农业界、社会福利和社会保障界委员并参加联组会时指出，要树立大食物观，向江河湖海要食物。在"以养为主"的方针下，水产养殖业是向江河湖海要食物的主要生产方式。水产品提供了优质动物蛋白，改善了居民膳食结构，为保障国家粮食安全做出了积极贡献。进入新时代，把握新发展阶段，深入贯彻新发展理念，加快构建新发展格局对水产养殖业提出了新的更高的要求，水产养殖业在保数量、保多样、保质量方面要有新突破，在资源节约和环境友好方面要有新突破，在劳动生产率、资源转化率方面要有新突破。

　　近年来，我国水产养殖业转型升级步伐不断加快，有力推动渔业绿色高质量发展。自 2020 年开始，农业农村部已连续三年部署实施水产绿色健康养殖"五大行动"（生态健康养殖模式示范推广、养殖尾水治理模式推广、水产养殖用药减量、配合饲料替代幼杂鱼和水产种业质量提升），并把开展好"五大行动"作为"十四五"及今后一段时期渔业渔政重点工作。全国水产技术推广总站负责牵头组织"五大行动"实施工作，重点聚焦技术集成、模式创新、典型培育、示范推广等方面。

　　罗非鱼、加州鲈、鳗鲡是我国目前极具特色的淡水鱼类养殖种类，尤其在华南地区养殖范围广泛。据《2022 中国渔业统计年鉴》数据，2021 年全国淡水鱼类养殖总产量为 2 640 万吨，其中罗非鱼养殖产量 166 万吨，鲈养殖产量 70 万吨，鳗鲡养殖产量 26 万吨，在特色鱼类中占据重要比例。对标对表稳产保供硬任务、资源环境硬约束、增效增收和提高竞争力硬要求，我们选择罗非鱼、加州鲈、鳗鲡三种特色养殖鱼类，重点从健康养殖模式、养殖关键技术、精准高效养殖技术集成与发展展望等方面进行了总结，编写了本书。

本书构架由黄太寿、王祖峰制定，全书共六章。其中，第一章内容由王祖峰、王金环编撰；第二、三、四、六章罗非鱼相关内容由王祖峰、刘天密、周玲、张博远编撰，加州鲈相关内容由王浩、王祖峰、刘胜敏、姜志勇、白俊杰编撰，鳗鲡相关内容由张翔、康建平、叶犟编撰；第五章内容由江兴龙、王玮、许志扬、王行、王泽宇编撰。王祖峰对全书进行了统稿，黄太寿、王祖峰对全书进行了审定。本书的编撰出版得到了国家重点研发计划"蓝色粮仓科技创新"专项"淡水池塘绿色智能养殖与高值化加工模式示范"项目"特色鱼类精准高效养殖关键技术集成与示范"课题（2020YFD0900102）的支持。

本书适合水产技术科技工作者、水产技术推广人员和水产养殖从业者阅读参考。由于编者水平有限，如有不当之处，恳请读者朋友指正！

编 者

2022 年 8 月

CONTENTS 目 录

CHAPTER 1 第一章
养殖生物学基础

第一节　罗非鱼生物学

罗非鱼肉质细嫩，肉味鲜美，而且无肌间小刺，营养丰富，含有丰富的优质蛋白和人体必需氨基酸，备受消费者喜爱。目前，罗非鱼是我国重要的特色淡水鱼养殖品种，养殖产量连续多年位居世界罗非鱼生产第一。据《2022 中国渔业统计年鉴》数据，2021 年我国罗非鱼产量超过 166 万吨，它不仅是我国居民餐桌上的常见鱼类，亦是出口创汇的重要水产品之一。

一、罗非鱼分类地位

罗非鱼，英文名 Tilapia，又名非洲鲫、福寿鱼、非洲仔等，包括尼罗罗非鱼、红罗非鱼、奥利亚罗非鱼、莫桑比克罗非鱼等在内的 100 多个种（亚种），属热带性鱼类。罗非鱼在我国属于外来物种，原产于非洲内陆及中东大西洋沿岸，在以色列及约旦等地也有分布（杨弘，2015）。分类上，罗非鱼隶属于硬骨鱼纲、鲈形目、丽鱼科。根据其孵化方式的差异，分为双亲口孵的刷齿罗非鱼属（Sarotherodon）、单亲口孵的口孵罗非鱼属（Oreochromis）以及非口孵的罗非鱼属（*Tilapia*）三个属（彩图 1）。

二、罗非鱼地理分布

罗非鱼自然分布于非洲大陆的淡水和沿海咸淡水水域。由于其具有适应性强、食性杂、繁殖迅速、生长快、产量高、肉质细嫩且无肌间刺等优势，被联合国粮食及农业组织（FAO）向全世界重点推广，养殖范围已遍布 100 多个国家和地区。因此，罗非鱼已成为世界性养殖鱼类。

罗非鱼在我国本没有自然分布，自 20 世纪 40 年代作为养殖品种引入我国台湾以来，陆续被我国各地区引种并推广养殖，并通过选育、杂交等技术手段培育出一系列新品种（如"新吉富""壮罗一号"等），目前已成为我国重要的淡水鱼养殖品种。随着养殖范围的扩大，罗非鱼在我国南方尤其是主产区广东、广西、海南等省份非常常见。由于养殖逃逸、人为放生等原因，在我国南方地区的野外能够经常见到罗非鱼。罗非鱼已成为华南一些地区江河中的常见种，已建立自然种群、自然繁衍。以广东、广西和海南为例，尼罗罗非鱼的分布几乎已经涵盖所有自然水域。从生态系统安全角度来看，罗非鱼这一外来物种在我国自然水域扩散可能带来一定风险，例如通过竞争性替代将本土鱼类从其适宜的栖息生境排除，影响本土鱼类的生存和繁殖。

三、罗非鱼形态特征

罗非鱼外形、个体大小有些类似鲫，鳍条多棘又似鳜（彩图 2～彩图 4）。目前国内主要养殖的罗非鱼有奥尼罗非鱼、吉富罗非鱼和红罗非鱼等品种。以下以尼罗罗非鱼为例，介绍其主要形态特征（彩图 2）：

头部平直或稍隆起，体高侧扁，体披栉鳞，侧线断折，呈不连续的两行，尾鳍末端为钝圆形，不分叉。身体两侧有与体轴垂直的黑点斑带 9 条。背鳍、臀鳍及尾鳍上均有黑白相间的条纹，背鳍及臀鳍呈斜向排列，尾鳍上的条纹呈线状垂直排列。性成熟雄鱼的尾鳍、臀鳍及背鳍边缘呈淡红色。

经过选育的罗非鱼新品种多体高侧扁，身形饱满，体色鲜亮，更受市场欢迎（彩图5、彩图6）。

四、罗非鱼生活习性

罗非鱼属广盐性鱼类，对环境适应能力很强，在海、淡水中均可生存；对溶氧条件要求不高，对低氧具有较强的适应能力；适宜温度一般为16～42℃，可耐受较高温度，但是不耐低温，在10℃以下很难越冬；生长速度快，在淡水养殖条件下，一般养殖一年可达500克以上。因其对养殖水体条件要求不高，在池塘、河道、山塘水库、小水凼以及集装箱中都能养殖，既能混养，也能主养。有机碎屑多、水质肥沃的水体尤为适合养殖罗非鱼。

罗非鱼为杂食性鱼类，食物来源广，可摄食藻类和浮游生物，食量大。在人工养殖条件下，除人工配合饲料外，酒糟、糠麸、小麦、玉米、饼粕等均是罗非鱼的优质饵料来源（彩图7）。

五、罗非鱼繁殖习性

罗非鱼为典型的雄鱼营巢挖窝、雌鱼含卵口孵育苗的鱼类。罗非鱼为多次产卵类型，1冬龄即可达性成熟。体重200克左右的罗非鱼，怀卵量多在1 000～1 500粒。当水温达到20℃以上时，性成熟的雄鱼会频繁地挖窝筑巢，诱使雌鱼入巢，进行产卵受精活动。雌鱼产卵的适温范围为20～28℃（朱健，2013）。只要水温适宜，罗非鱼20天左右即可产卵含苗1次，但鱼群密度对繁殖活动有一定影响，即鱼群密度高会导致繁殖频率降低。由于罗非鱼生长发育快，怀卵量大，且亲鱼有护幼行为，因此后代成活率高。

繁殖季节，雌鱼腹部臀鳍前方有肛门、泄殖孔和泌尿孔，成熟个体的泄殖孔呈粉红色，用手轻轻挤压腹部有卵流出，雌鱼发情时尾呈胭红色；雄鱼腹部臀鳍前方有肛门、泄殖孔，成熟个体的泄殖孔大而突出，发情时鳃盖下缘、胸鳍和尾鳍呈胭红色，用手轻压鱼体腹部有白色精液流出。

第二节 加州鲈生物学

加州鲈是现在市面上最常见的鲈品种，肉质鲜美细嫩，无肌间刺，外形美观，且适合冷藏和初级加工、精深加工，深受养殖者和消费者欢迎。属广温性鱼类，在 2～34℃的水温范围内和盐度 0～15 内均可存活。从 20 世纪 70 年代开始，加州鲈被引到世界各地作为游钓品种或水产养殖品种。加州鲈具有适应性强、生长快、易起捕和养殖周期短等养殖优点，是我国名副其实的"百姓鱼"。

一、加州鲈分类地位

加州鲈又名大口黑鲈，学名为 *Micropterus salmoides*，在分类地位上隶属于鲈形目、太阳鱼科、黑鲈属。原产于北美洲，是一种肉味鲜美、抗病力强、生长迅速、易起捕、适温较广的名贵肉食性鱼类（彩图 8）。

二、加州鲈地理分布

加州鲈在原产地由两个亚种组成，分布在美国佛罗里达半岛的佛罗里达州亚种（*M. salmoides floridanus*）和分布遍及美国中部及东部地区、墨西哥东北部地区以及加拿大东南部地区的北方亚种（*M. salmoides salmoides*）。

目前我国除西藏之外其余省份都有养殖加州鲈。经研究鉴定认为，我国养殖的加州鲈在分类地位上属于北方亚种。经过 30 多年的养殖产业发展，广东、江苏、浙江和四川成为我国加州鲈最主要的养殖区域，河南、湖南、湖北和天津等地是近年来加州鲈新兴养殖区域。加州鲈养殖规模在逐年扩大，在我国淡水渔业结构调整和转型升级发展过程中发挥着引领作用。2021 年全国加州鲈年产量达到 70 万吨，是我国主导的淡水养殖经济品种之一。加州鲈良种培育、种苗生产、成鱼养殖、营养饲料、活鱼物流、产品初加工等全产业链条各环节得到完善和提升，发展前景极为广阔，形成了"全国性消费、全国性流通、全国性养殖"的发展格局。近年来，加州鲈被业界普遍看好，并被称作我国"第五大家鱼"。

三、加州鲈形态特征

加州鲈身体呈纺锤形，侧扁，背肉稍厚，横截面为椭圆形，身体背部为青灰色，腹部灰白色。它的口裂大，斜裂，颌能伸缩，具有锐利的绒毛细齿。从吻端至尾鳍基部有排列成带状的黑斑。鳃盖上有 3 条呈放射状的黑斑。体被细小栉鳞。背鳍硬棘部和软条部间有一小缺刻，不完全连续；侧线不达尾鳍基部。第一鳃弓外鳃耙发达，骨质化，形状似禾镰，除鳃耙背面外，其余三面均布满倒锯齿状骨质化突起，第五鳃弓骨退化成短棒状，无鳃丝和鳃耙。尾鳍浅凹形。鳔 1 室，长圆柱形；腹膜白色；有胃和幽门垂，肠粗短，2 盘曲，为体长的 0.54～0.73 倍，可食部分约占体重的 86%。加州鲈外形见彩图 9。

四、加州鲈生活习性

加州鲈是凶猛的肉食性鱼类，以肉食性为主，掠食性强，摄食量大，成鱼常单独觅食，喜捕食小鱼虾。食物种类依鱼体大小而异。孵化后一个月内的鱼苗主要摄食轮虫和小型甲壳动物。当全长达 5～6 厘米时，大量摄食水生昆虫和鱼苗。全长达 10 厘米以上时，常以其他小鱼作为主食。在适宜环境下，摄食极为旺盛。冬季和产卵期摄食量减少。当水温过低，池水过于混浊或水面风浪较大时，常会停止摄食。

在自然环境中，加州鲈喜栖息于沙质或沙泥质且混浊度低的静水环境，尤喜群栖于清澈的缓流水中。经人工养殖驯化，加州鲈能适应较肥沃的池塘水质，一般活动于中下水层，常藏身于植物丛中。在水温 2～34℃的范围内均能生存，10℃以上开始摄食，适宜的生长温度为 20～30℃。加州鲈相互间会捕食，尤其是在苗种培育期间。人工养殖成鱼可投喂鲜活小杂鱼，也可投喂切碎的冰鲜鱼或人工配合颗粒饲料。

　　加州鲈在北美洲自然水域内生长速度较快，记录最大个体体重达 10 千克，全长 970 毫米。在我国华南地区当年可长到 500～1 000 克，在华东也可长到 500～750 克。通常 1～2 龄生长速度较快，3 龄生长速度开始减慢。

五、加州鲈繁殖习性

　　加州鲈性成熟年龄为 1 龄以上，自然性成熟之后多次产卵，正常产卵季节为 2—7 月，华南地区 2—4 月为产卵盛期，卵子属性为黏性卵。在北方地区宜选用 2 龄加州鲈作为亲鱼，个体规格较大，相比 1 龄加州鲈亲鱼性腺发育更好，产苗效果更佳。广东地区通常选用当年的加州鲈作为亲本，一般在 12 月就开始挑选亲本来进行强化培育，在池塘中自然繁殖产卵。2 龄加州鲈多是用来作为早繁亲鱼，在 10 月就开始进行人工注射催产剂，促使加州鲈性腺提早成熟，在 11 月或 12 月就能繁殖出鱼苗，从而提早加州鲈成鱼养殖时间，使得在 7 月就可以实现养殖的商品鱼上市。加州鲈繁殖的适宜水温为 18～25℃，以 20℃ 左右为最佳。体重 1 千克的雌鱼大约怀卵 10 万粒，每次产卵 10 000 粒以上。

　　加州鲈喜欢在水质清新、长有水草（如金鱼藻、轮叶黑藻等）或池底有沙石的塘中自然产卵，在池塘中自然孵化的出苗率比受精卵室内集中恒温孵化低，而且鱼苗长得大小不匀，容易互相捕食。如果选择在水泥池中产卵，会采用人工注射外源激素，促使同步产卵，从而提高每批次的产卵数量和出苗量。

第三节　鳗鲡生物学

　　鳗鲡俗称鳗，肉质细嫩，营养丰富，为重要的名贵食用鱼种之一。中国是全球鳗鲡养殖量最大的国家，养殖产量占到全球产量 70%，养殖模式和养殖技术均居国际领先地位，其产业年产值高达 1 500 亿元以上。

一、鳗鲡分类地位

鳗鲡隶属于硬骨鱼纲（Osteichthyes）、幅鳍亚纲（Subclass Neopterygii）、鳗鲡目（Anguilliformes）、鳗鲡科（Anguillidae）、鳗鲡属（*Anguilla*）。鳗鲡属共有19个种和亚种，主要生长于热带及温带地区水域，美洲鳗鲡（*Anguilla rostrata*）和欧洲鳗鲡（*Anguilla anguilla*）分布于大西洋，其余17种分布于印度洋和太平洋。不同品种鳗鲡可通过皮肤是否具有斑点、全长、体重、口裂长度、鳃条数、胸鳍条数、脊椎骨数量、上腭锄骨宽度与腭骨齿带宽度、鳍型（背鳍前端基部的长度占体长比例）等形态学特征以及基因序列加以区分（彩图10）。

二、鳗鲡地理分布

目前进行规模养殖的品种主要有日本鳗鲡、欧洲鳗鲡、美洲鳗鲡，此外还有少量花鳗鲡、双色鳗鲡和澳洲鳗鲡。鳗鲡养殖主要国家有中国、日本、韩国。近年，印度尼西亚、马来西亚等国也开始发展鳗鲡养殖。另外，德国、荷兰、丹麦、意大利、西班牙等欧洲多国也有养殖鳗鲡的传统，但都为零星养殖。现在我国鳗鲡养殖产量世界第一，其次为日本，再者为韩国，其他国家和地区产量极低。

虽然全世界有19种鳗鲡，但用于商品化养殖的品种较少。目前，日本鳗鲡、欧洲鳗鲡和美洲鳗鲡3个品种的养殖最具规模，各养殖模式的工艺流程和技术都很成熟，其他品种养殖还处于探索阶段。

日本鳗鲡是开发养殖较早的品种，被日本、中国以及韩国等广泛养殖，成为鳗鲡养殖中最重要的品种。欧洲鳗鲡除德国、丹麦、挪威和意大利等少量国家零星养殖外，主要养殖区域为中国的福建、江西等地，20世纪90年代成为福建、江西以及内陆省份鳗鲡养殖的主导品种。但随着欧洲鳗鲡列入濒危动物目录，苗种捕捞和贸易受到控制，该品种养殖量逐年下降，目前在福建、江西等省仍有一定量养殖，占苗种投放量的30%左右。美洲鳗鲡苗种来源主要为北美产美洲鳗鲡，主要养殖省份为福建和江西，因其玻璃鳗年产量为 5 000 万尾左右，养殖规模持续稳定。随着南美洲产鳗苗在福建的开发利用成功，美洲鳗鲡养殖规模不断扩大，现已成为福建、江西等省份的主导养殖品种；浙江、湖北和安徽等省份也有少量养殖，中国台湾地区、韩国也有少量美洲鳗鲡养殖。此外，我国海南、福建等省份也有少量花鳗鲡和双色鳗鲡养殖。

三、鳗鲡形态特征

鳗鲡体延长，较粗壮；前部呈圆筒状，尾部侧扁。鳞细小，埋于皮下，呈席纹状排列；体表黏液发达。具发达的胸鳍；背鳍始于头部远后方，与肛门的前方或后方相对；背鳍和臀鳍与尾鳍相连。肛门位于体前半部。

鳗鲡消化道由口咽腔、食道、胃、小肠和直肠组成。胃膨大，肠道短。消化腺包括肝脏和胰脏。肝脏大，覆盖胆囊。性腺长，可延伸至肛门后侧腹腔。鳗鲡形态见彩图 11。

四、鳗鲡生活习性

鳗鲡为广盐性肉食性鱼类，常以小鱼、虾、蟹、田螺、蛏、蚬、沙蚕等水生生物为食，一般可在盐度 0～35 的水中正常生活。鳗鲡属于典型的降海生殖洄游性鱼类，具有特殊的生活史，在淡水中育肥生长 3～4 年，性成熟后消化器官逐渐萎缩，停止摄食，洄游到几千千米之外的海水中产卵后死亡。每条鳗产卵量为 700 万～1 300 万粒，受精卵经 10 天左右孵化出膜。为了适应不同环境，不同阶段鳗鲡的体型及体色有很大的变化，一般将其生活史分为 6 个不同的发育阶段：卵期（Egg-stage）、柳叶鳗（Leptocephalus）、玻璃鳗（Glass eel）、鳗线（Elvers）、黄鳗（Yellow eel）和银鳗（Silver eel）。鳗鲡洄游进入淡水河流以后，栖居于江河、湖泊、水库等水体，常隐居在近岸洞穴中，喜暗怕光，昼伏夜出，有时还可以上到陆地，经潮湿处移到附近其他水体。

五、鳗鲡繁殖习性

鳗鲡具有特殊而复杂的繁殖习性，虽然研究持续了半个多世纪，但其苗种人工繁殖仍然是世界性难题，尚未得到解决，人工养殖苗种一直依靠天然捕捞供给。

鳗鲡虽生活在淡水中，但其产卵繁殖却在海洋中。它们在江河湖泊中生长、育肥，成熟年龄5～8龄，成鱼降海繁殖，性腺在向产卵场洄游过程中逐渐成熟，孵化后的幼鱼需经变态发育成为幼鳗，并逐渐向河口游动。鳗鲡的性腺在淡水中不能很好地发育，只能停留在早期阶段。性腺即将成熟的鳗鲡于秋冬季节顺水降河而下，进入大海后才逐渐成熟起来，体色变为蓝黑色，体侧有一层金黄色的光泽，胸鳍的基部变成金黄色，呈现所谓的"婚姻色"。性成熟的雌、雄鳗鲡成对到达产卵场，在那里进行产卵繁殖，亲鳗产卵后死亡。

第二章
CHAPTER 2
养殖产业发展现状

第一节　罗非鱼养殖产业发展现状

一、罗非鱼养殖历史沿革

我国罗非鱼养殖业的发展大体上可划分为四个阶段：

第一阶段：20 世纪 60—70 年代为养殖起步阶段，养殖品种为莫桑比克罗非鱼，养殖的区域以广东省为主，主要作为四大家鱼小量套养品种，以四大家鱼养殖品种为主，混养少量罗非鱼。1956 年，广东省由越南引进莫桑比克罗非鱼，这是中国最早引进的罗非鱼品种。由于该品种个体小、生长慢、体色黑以及过度繁殖，养殖优势并不明显，且莫桑比克罗非鱼的耐寒性较差，养殖区域受到限制，主要是在广东省的湛江地区和海南省养殖，养殖面积和产量都相当有限，且后来逐渐被其他品种所替代。

第二阶段：20 世纪 80 年代为普及推广阶段，养殖的品种以福寿鱼和尼罗罗非鱼为主，养殖区域从广东省扩大到长江三角洲（图2-1）。以罗非鱼养殖为主，套养少量的四大家鱼，采用罗非鱼、禽、畜综合的养殖模式；80年代后期发展成以投喂饲料为主，养殖大规格罗非鱼的模式。1978年中国水产科学研究院长江水产研究所引进尼罗罗非鱼，由于尼罗罗非鱼的养殖性能和生长性状远远优于莫桑比克罗非鱼，从此推动罗非鱼养殖在中国的迅速发展。福寿鱼是中国水产科学研究院珠江水产研究所于1978年7月，用尼罗罗非鱼作为父本、莫桑比克罗非鱼为母本杂交得到的子一代。其杂交优势明显，生长速度比莫桑比克罗非鱼快30%～125%，比尼罗罗非鱼快10%～29%，还具有个体大、肉质好、雌雄个体大小差异小，耐寒力较强等优点。1980年通过鉴定后，在广东、广西、江苏、浙江、海南等省（自治区）开始大面积推广养殖。

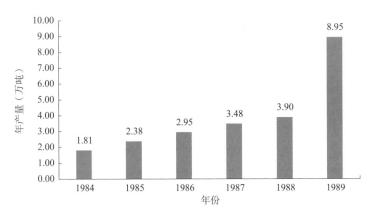

图2-1 1984—1989年我国罗非鱼养殖产量

第三阶段：20世纪90年代到2006年为高速发展阶段，年产量从1990年的10.61万吨增长到2006年的111.15万吨，养殖品种以高雄性率的奥尼罗非鱼为主，养殖区域主要集中在广东、广西、海南、福建四省（自治区）（图2-2）。中国水产科学研究院珠江水产研究所和中国水产科学研究院无锡淡水渔业研究中心先后于 1981 年和 1983 年引进奥利亚罗非鱼。用奥利亚罗非鱼为父本与尼罗罗非鱼为母本进行杂交，获得的杂种一代，进入了奥尼杂交罗非鱼的养殖时代。奥尼杂交罗非鱼具有雄性率高、生长快、个体大、耐寒性较好、对盐度适应范围广等优点，有效解决了罗非鱼养殖中的过度繁殖问题，大大提高了罗非鱼的养殖产量和效益。从此，我国罗非鱼养殖进入了高速发展时期，罗非鱼养殖产量逐年增加。养殖模式以池塘单养或主养为主，养殖产量以平均每年 14.8% 左右的速度递增，稳居世界首位。

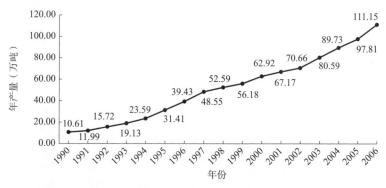

图 2-2　1990—2006 年我国罗非鱼养殖产量

　　第四阶段：2007 年至今的改善发展阶段。2007 年，全国罗非鱼年养殖产量达 113.4 万吨，因罗非鱼加工产品出口受阻和中美贸易摩擦的影响，罗非鱼养殖年产量提高不快，2016 年达到最高产量（186.64 万吨）后有所下降（图 2-3）。目前，已形成了围绕罗非鱼产业的服务行业，如淡水养殖、专业捕捞、活鱼运输、饲料代加工、水产品加工、流通中介等行业，正在向罗非鱼产业化方向发展，形成了养殖区域相对集中、规模化生产的产业带。

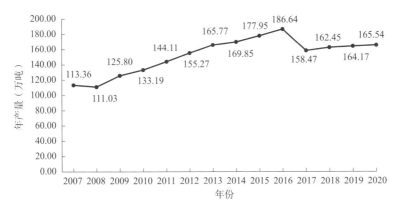

图 2-3 2007—2020 年我国罗非鱼养殖产量

二、罗非鱼养殖产业现状

（一）养殖情况

1. 规模布局

由于罗非鱼的耐寒性较差，养殖区域受到限制，目前我国罗非鱼养殖主要集中在广东、海南、广西、云南和福建等地。2021 年广东、海南、广西、云南和福建的罗非鱼养殖产量分别为 73.87 万吨、31.67 万吨、25.36 万吨、18.83 万吨和 12.25 万吨，养殖产量约占全国总产量（166.26 万吨）的 97%。

广东省是中国养殖罗非鱼最早、养殖面积最大和产量最高的地区，同时也是中国最大的罗非鱼出口省份。2020 年广东省罗非鱼养殖面积约 5.67 万公顷（85 万亩），养殖产量 74 万吨，养殖产量占全国的 44.7%。养殖生产比较集中，形成重点区域。罗非鱼养殖年产量 2 万吨以上的有 8 个县（区、市），依次为化州市、高州市、吴川市、廉江市、肇庆市高要区、茂名市茂南区、广州市番禺区和增城区；罗非鱼养殖年产量 1.5 万~2 万吨的有 7 个县（区、市）：广州市花都区和白云区、台山市、雷州市、茂名市电白区、珠海市高栏港区、汕尾市海丰县。

海南省是我国第二大罗非鱼养殖地区。2020年全省罗非鱼养殖面积约2.38万公顷，其中70%是以池塘养殖模式开展生产，网箱养殖和水库养殖约占29%；全省罗非鱼养殖产量达到32万吨，约占全国罗非鱼养殖总产量的19.3%。海南省罗非鱼主要养殖区域集中在文昌、澄迈、海口、琼海、定安、屯昌等地。其中，文昌是最大的罗非鱼养殖地区，养殖面积占全省总面积37.34%，养殖产量占全省总量55.89%，其次是澄迈、琼海和海口。

广西壮族自治区2020年罗非鱼养殖产量约为25万吨，占全国养殖产量的15%。罗非鱼养殖在广西特色淡水鱼养殖产业中占据主流，养殖区域主要分布在南宁、玉林、北海、钦州、防城港、桂林、柳州、河池、贵港、百色等市，广西罗非鱼规模化养殖产量逐年攀升。

云南省2020年罗非鱼养殖产量为17万吨，约占全省水产品总产量的26%，生产规模保持稳定，位居全国第四位，占全国罗非鱼总产量的10.3%。云南罗非鱼主产区仍主要分布在普洱、西双版纳、德宏、临沧、文山等5个州市，面积和产量约占全省的90%以上，这些地区产业基础好，群众养殖的积极性较高。

福建省2020年罗非鱼养殖总面积在0.67万公顷左右，养殖总产量约11万吨，居全国第五位，占全国罗非鱼总产量的6.6%。福建省罗非鱼养殖主产区域仍然主要集中在闽南的漳州地区，养殖产量占全省的75%以上，其中又以龙海市、漳浦县和长泰县居多。

2. 产业效益

经济效益：近几年，全国的罗非鱼养殖总量稳定在150万吨以上，年培育罗非鱼苗种200亿尾以上，第一产业生产总值超过170亿元。据业内人士估算，如果将上下游产值全部计算在内，从饲料、种苗、养殖、捕捞、加工，到贸易、包装、物流、动保全产业链，这是一个年产值超500亿元的产业，解决了近70万人的就业问题。

社会效益：罗非鱼非常适合老人小孩食用，也受到国内外百姓的欢迎，丰富了百姓的菜篮子，提供了优质蛋白来源。另外，罗非鱼产业链非常完整,整个产业发展带动了产地人员的就业,具有非常重要的社会效益。

生态效益:罗非鱼为热带以植食性为主的杂食性鱼类,对蛋白质的需求低,对水环境水质要求低,通过投喂低蛋白含量的配合饲料就可以正常生长。同时,罗非鱼还可以摄食水中的藻类,起到很好的控藻作用。

(二)主要病害情况

相对其他淡水鱼种类,罗非鱼适应性强,抗病、抗逆性较好,在正常养殖管理条件下较少发病。但在养殖条件不好、饲养管理不善,特别是近年来多种高密度集约化养殖条件下,罗非鱼病害时有发生,且传染性强,易引起暴发性死亡。罗非鱼养殖过程中,危害比较严重的是细菌性疾病,其次为寄生虫疾病和肝胆综合征,其中又以链球菌病最为严重,每年高温季节都有发生。

当前罗非鱼养殖生产中最突出的病害问题就是链球菌病,其病原是海豚链球菌、无乳链球菌等。罗非鱼链球菌病一直没有彻底有效的解决办法,是近几年罗非鱼产业发展的突出问题之一,也是影响养殖户信心和经济利益的最主要因素之一。目前,罗非鱼链球菌病害是制约广东、广西、海南、福建等地罗非鱼产量的关键问题。链球菌病发病高峰期为7—9月,早期发病鱼外观无明显症状,解剖内脏充血,肝、脾肿大,病程持续时间长,死亡高峰可持续2~3周,个别发病池塘在一周内罗非鱼全部死亡,而混养的其他鱼未出现发病死亡。近年来随着养殖户对链球菌病害认识逐渐加深,防控意识得到增强。在高温发病前期做到早预防、发病时及时处理,降低了罗非鱼链球菌病的发病率和死亡率,总体趋于缓和。在海南、广东、广西、福建常见,并且给养殖生产造成巨大损失的链球菌病,在云南各养殖区未大面积流行,仅仅表现为区域性偶发,给养殖生产造成的损失相对国内其他主产区也小得多。

罗非鱼寄生虫疾病主要为车轮虫、斜管虫、指环虫等疾病,虽然发病率较高,但引起的死亡率并不高。

罗非鱼病害的发生，不仅降低了罗非鱼的产量，更是极大影响了其经济效益。因此，要加强其病害防控工作，坚持以预防为主，防治结合的原则。保持良好的水质，做好日常投喂和管理工作是防病的关键。

（三）流通与加工

1. 流通情况

广东、海南、广西等地的罗非鱼流通产业链完善，主要包括上游的品种选育、苗种生产、成鱼养殖和下游的专业捕捞运输及加工销售环节，配有饲料供应、检测防疫、技术协会等相关支持产业及单位。以综合性公司、饲料厂、饲料经营大户或养殖大户为主体组成的一体化流通模式得到了广泛推广，这种模式实行从苗种、饲料、药品、捕捞运输和成鱼收购加工一条龙协作。一个完整的产业链条，有利于产业良性运行，健康发展，在一定程度上增强抵御市场风险的能力。国内市场消费的罗非鱼主要是鲜活产品，冷冻加工产品主要为出口服务。

目前，罗非鱼的国内消费认知度仍不高，而在国际市场上作为鳕鱼等白肉鱼的替代品，其认可度很高。国际市场对罗非鱼产品的需求主要包括冻罗非鱼片、鲜冷罗非鱼片、冷冻或制作贮藏的罗非鱼等，出口是罗非鱼产业快速增长最重要的动力。因全球新冠肺炎疫情影响，国际贸易沟通渠道中断，加上美国关税提升，越来越多从业者开始将目光转向国内市场，选择与良之隆、真功夫、海底捞等国内餐饮巨头合作，进驻永辉、沃尔玛、家乐福等大型商超，不断开发新产品、新菜品。

2. 加工情况

中国罗非鱼产业是一个外向型产业，产业的发展依赖于产品的加工出口。罗非鱼出口产品主要以冻罗非鱼片、条冻罗非鱼为主，有少量罐头等加工制品。近年来中国罗非鱼加工业迅猛发展，导致生产能力严重过剩，目前中国罗非鱼加工企业共有200多家，其中出口企业约170多家，年加工能力超过200万吨，但出口企业实际加工量仅有 90 万吨左右，中国罗非鱼的加工能力已经远远高于罗非鱼原料供给量和国内外市场需求量。整体罗非鱼加工业的产能利用率仅在 40% 左右波动，大部分中小加工企业处于停产或半停产状态。

广东有上规模的罗非鱼加工企业 74 家，年生产能力达 50 万吨左右；2020 年全省加工出口罗非鱼 32.6 万吨。海南是我国罗非鱼出口第二大省份，目前拥有上规模的罗非鱼加工出口企业 13 家，水产品年加工能力超过 80 万吨；2020 年，全省罗非鱼加工出口量 14.5 万吨。目前福建罗非鱼加工生产的企业仅存 10 多家，而有一定规模的企业仅 4～5 家，2020 年出口量在 4 万吨左右。

（四）市场贸易

1. 国内消费

受生活和消费习惯的影响，广东、海南、福建、广西等省（自治区）的沿海市县对罗非鱼的消费量很少，绝大部分养殖的罗非鱼或者被加工厂收购，或者运往内陆省份。

随着消费理念的转变、消费能力的提升、快餐业的发展、中央厨房的不断建立、冷链物流的日益完善、餐饮模式多元化、国际化以及人们生活和工作节奏加快，国内市场对罗非鱼的需求不断扩大，前景广阔。同时，为了解决罗非鱼贸易出口依存度高的问题，近年来很多罗非鱼加工企业也在不断开发适合中国人口味的新产品、新菜式以及深加工产品，积极开拓内销市场。采取的主要措施有：一是针对 90 后、00 后新兴市场开发了调味鱼片系列、面包鱼片系列、烤鱼系列、酸菜鱼、鱼皮、鱼下巴等，以品质、价格和服务抢占国内中低端消费市场；二是积极拓宽国内市场销售渠道，通过批发、电商、团餐、餐饮、商超等，选择与沃尔玛、家乐福、永辉、京东、天猫、海底捞、良之隆、真功夫、盒马鲜生、拾味馆等知名企业合作；三是不断创新销售模式，通过批发、直销、分销等方式打开国内市场；四是联合高等学校、科研机构不断开发新产品、新菜品，使国内消费者也能买到与欧美市场上同品质的水产品，让更多国内消费者喜欢上罗非鱼这种优秀的淡水鱼。

国内罗非鱼销售终端形式主要有酸菜鱼、火锅鱼、烤鱼等，仅酸菜鱼一项，2019年单品综合产值超300亿，成为餐饮细分领域赛道的新宠。2020年疫情防控期间，罗非鱼在国内的线下批发市场端有所下滑，但在电商以及社区团购等方面出现了新的增长点。罗非鱼加工企业中，早期有布局国内市场的，这两年在电商销售的业绩基本都有成倍的增长。近年来，广东成功推出脆肉罗非鱼，"脆妃"鱼一跃成为水产养殖的新宠，脆肉罗非鱼在成本、口感、菜品开发等方面都很有优势；2021年，为实现出口罗非鱼内销转型，解决国内市场对罗非鱼认知度低的问题，海南在多地组织"海南鲷"发布推介会，成功打造罗非鱼内销新品牌。

2. 国际贸易

与国内市场相比，罗非鱼在国外销售异常火热。国际上罗非鱼最大的进口国（地区）有美国、欧盟、俄罗斯、非洲等。特别在美国，食品药品监督管理局（FDA）联合环境保护署（EPA）在最新版《鱼类消费建议报告》中提到，鳕、三文鱼、罗非鱼都是适合孩子、孕妇和哺乳期妇女的水产品，每年都从中国引进大量的罗非鱼，人均达1.27条。美国、墨西哥、科特迪瓦、以色列等是我国罗非鱼出口的主要市场（图2-4）。其中，美国是我国罗非鱼出口最为依赖的市场。但随着中美贸易摩擦不断升级和全球新冠肺炎疫情的影响，出口美国的罗非鱼量逐年减少，加工企业逐渐转向其他国家和地区，特别是积极拓展非洲大陆市场。

中国是全球最大的罗非鱼养殖国，七成左右的罗非鱼都以出口贸易为主。2015—2019年全国罗非鱼加工出口量整体呈增长趋势（图2-5）。2020年随着新冠肺炎疫情在全球蔓延，遭遇到国际订单不断被延迟或取消的困境。太过依赖出口是中国罗非鱼在国际环境中较为被动的原因之一，但近期的挑战也是行业大浪淘沙、重新洗牌的契机。有能力且规范化的企业应借此时机加快转型升级，开辟国内市场，探索新销路、新产品，减轻出口压力。罗非鱼从业者已到了要思考如何转变的关键时刻，不仅是商业模式要变化，经营者对于产品形式和业态的观念也要有所转变，消费渠道要更多样，产品类型要更多元。

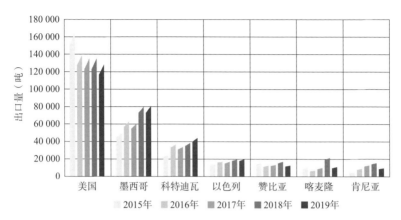

图 2 - 4　2015—2019 年我国罗非鱼主要出口市场

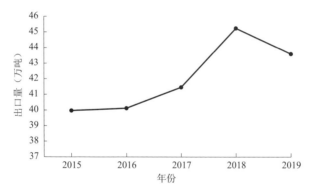

图 2 - 5　2015—2019 年全国罗非鱼出口量

（五）产业扶持

我国罗非鱼产业的快速发展离不开政府的积极引导和扶持，其中广东、海南和福建等地为发展罗非鱼产业，出台了一系列扶持政策，投入了大量的财政资金支持。

1. 广东

广东通过积极的财政扶持政策及产业化龙头企业的建立，使许多罗非鱼养殖户淘汰传统的粗养模式，积极发展罗非鱼精养模式，实施低产养殖池塘标准化改造工程。推行"企业＋基地＋农户"的产业化经营，把粗放分散的小生产联结起来，打造集养殖、加工、出口于一身的罗非鱼产业基地，实现了罗非鱼产业由传统型向现代高科技密集型的历史性转变，形成广东地方特色品牌。广东通过政策、资金扶持，突出做了两件事：

（1）推动罗非鱼品牌建设　茂名市从 2002 年开始，市委、市政府因势利导，计划把茂名市打造成全国最大的罗非鱼产业基地，并正式批准将本市区域内高州西南部、化州的东南部、茂南区的东西部共 23 个镇（街道办）建设成罗非鱼"金三角"产业基地。茂名市于 2010 年被授予"中国罗非鱼之都"，2015 年经过第一次复审继续获授"中国罗非鱼之都"称号，2020 年 8 月 25 日为获授"中国罗非鱼之都"十年后第二次复审。茂名市自获授"中国罗非鱼之都"以来，政府高度重视罗非鱼产业发展，加大扶持力度，出台了关于扶持产业发展建设的政策文件，为产业健康发展提供了有力支撑。依托相关科研院所、高校，建立科技创新体系，增强了罗非鱼企业技术创新能力，建立 14 家市级以上罗非鱼产业工程技术研究中心，28 家罗非鱼苗种场（其中国家级良种场 1 家、省级良种场 4 家），11 家省级高新技术企业，6 个省级高新技术产品。行业协会在政府的指导下，汇聚全市行业力量，在标准制定、技术创新、品牌推广等方面做了大量富有成效的工作，建立了从源头到终端的质量监管体系，制定了罗非鱼养殖技术规范及养殖产品分级标准。现拥有 8 家市级以上罗非鱼标准化示范区、13 家省级水产养殖质量安全示范点，为产业可持续发展奠定了良好的基础。同时，注重品牌建设，通过媒体拍摄宣传片等方式进行品牌宣传，引导企业参加国内外展会，组织举办推介会、论坛等宣传活动进行品牌推广。"茂名罗非鱼"2016 年被评为"最具影响力水产品区域公用品牌"，2018 年被评为"广东省十大最具影响力渔业区域性公用品牌"。茂名是全国最大的罗非鱼养殖优势区域和出口加工基地，产业规模保持全国领先，品牌效益凸显，知名度享誉中外，产业可持续发展性强。罗非鱼产业已成为茂名农民增收、农产品出口创汇的支柱产业，形成了完整的罗非鱼产业链，经济和社会效益显著。

（2）推动罗非鱼规模化产业发展 2018年7月27日，广东第二批25家省级现代农业产业园建设名单正式公布，茂名市茂南区罗非鱼产业园入选，省级补助资金5 000万元拨付到产业园牵头实施主体企业。该产业园涵盖金塘、公馆、山阁、新坡4镇，区域国土总面积约30千米^2，涉及68个行政村，产业园内渔业户数3 983户，渔业人口12 617人，占全区渔业总人口的73.45%，是茂名市实施罗非鱼"金三角"产业基地的核心区和养殖主产区。产业园总投资20 266万元，其中地方统筹配套资金3 140万元，社会资本投入12 126万元。该产业园共有16个实施主体参与建设，牵头实施主体为茂名市金诚冷冻食品有限公司，从农业设施、产业融合、科技研发与信息支撑、农业品牌、贷款贴息五个方面安排财政资金，致力完善罗非鱼产业链，建立以渔业创意产业为核心的体验经济。近年来，化州市坚持"强农稳市"发展战略，以"培强罗非鱼、富裕农民、繁荣农村"为目标，以推进罗非鱼产业化建设为切入点，创新发展机制，实现了罗非鱼产业的战略性调整，推动罗非鱼养殖业由大市向强市转变。2019年，全市水产养殖面积12万亩，其中罗非鱼养殖面积达到9.7万亩，产量达8.5万吨，产值达7.2亿元。

2. 海南

海南为推动罗非鱼产业发展，主要做了以下几项工作：

（1）2006年10月，海南省人民政府办公厅发布《海南省罗非鱼产业化行动计划》，制定总体目标和阶段性目标，通过推进罗非鱼产业化行动计划，提升海南罗非鱼产业水平，逐步形成罗非鱼生产区域化、良种化、标准化、专业化和产供销一体化新格局，将海南建设成我国主要的罗非鱼优势水产品出口基地。

（2）海南海关为鼓励企业出口，加快放行速度，海口海关制定了16条便利化通关措施，边检边放。

（3）海南省农业农村厅扶持农户进行池塘改造，对新开发鱼塘和旧鱼塘改造分别给予资金补助,同时支持大型罗非鱼养殖基地化建设。

(4)海南省商务厅出台了水产品加工企业扶持政策,对企业参加境外展会和参与国际认证补贴按总费用的 70% 进行补贴,企业贸易融资按利息的 80% 进行补贴且上不封顶等。

(5)为配合做好"欧盟迎检",确保出口欧盟罗非鱼产品质量安全,省政府投入 7 000 多万元分别支持罗非鱼加工厂和配套的养殖基地进行设备设施改造,18 家出口欧盟企业与配套的 36 家养殖基地获得专项扶持。"欧盟迎检"专项改造,提升了海南省应对国际市场贸易壁垒的能力,促进了海南省罗非鱼出口产业的扩大发展。

(6)2020 年受疫情影响,为解决水产品压塘问题,促进产业健康发展,确保渔业增效、渔民增收,经省政府同意,省农业农村厅、省财政厅出台《2020 年海南水产品采购收储应急补贴方案》,发放水产品采购收储应急补贴资金近 3 000 万元,海口、文昌、定安、澄迈 4 个市县 11 家罗非鱼加工出口企业获得补贴资金。

3. 福建

福建省的扶持政策主要有:

(1)2011 年,福建省政府启动了种业创新与产业化工程项目"罗非鱼优良品种培育、推广及产业化关键技术的集成与创新",斥资 1 450 万元用于支持罗非鱼产业发展。

(2)2018 年,经过公众投票、专家评审,"漳州罗非鱼"成为第三批"福建十大渔业品牌"之一,并通过电视、网络等媒介进行广泛宣传报道。

三、罗非鱼养殖产业存在的问题

罗非鱼产业经过几十年的发展,历经曲折。特别是近年来,面对中美贸易摩擦和全球新冠肺炎疫情的影响,罗非鱼产业遇到了前所未有的困难。关税增加、客户违约、价格低迷、部分出口订单被取消或延期提货等,直接影响了罗非鱼企业正常生产和经营。罗非鱼产业目前主要存在以下几方面的问题:

（一）缺乏长期发展规划，养殖成本逐年提高

随着各地经济的迅速发展，房地产、旅游业以及大中项目的陆续投入，影响了一些地方政府对罗非鱼产业发展的认识，有些地方对罗非鱼产业发展的重视程度远不如以前，罗非鱼产业发展规划不明确，有的罗非鱼主产区没有产业发展规划，或者规划逐年缩小，影响了养殖企业和渔农的增产增收。此外，罗非鱼养殖多以个体为主，一部分罗非鱼养殖池塘标准低、设施简陋，难以适应优质商品鱼养殖技术的要求。随着政府加强养殖行业环保监管，一些养殖场已经不符合新的养殖条件标准，行业门槛逐年提高，有的养殖场无法适应环保要求而被淘汰，养殖成本加大，罗非鱼养殖面积出现逐年减少的趋势。

（二）罗非鱼苗种体系不健全，良种覆盖率低

广东、海南是全国罗非鱼苗种的主产区，近年来成立了省级原、良种审定委员会，并制定了相应的工作规程，但罗非鱼良种基础研究技术力量非常薄弱，投入少，罗非鱼良种良苗覆盖率不高。随着罗非鱼苗种的更新换代，一些新品种的研发推广工作十分滞后。良种良苗研发推广工作力度不够。

（三）罗非鱼病害问题仍然无法解决，药残问题严重

罗非鱼链球菌一直没有彻底有效的解决办法，这是影响养殖户信心和经济利益、制约产业发展的最主要因素之一。近几年养殖户使用磺胺类药物治疗链球菌病，效果比较好，并且成本相对低，但是磺胺类药物残留问题无法解决，同时各类抗菌类药物都存在休药期的问题，安全用药与食品安全冲突。近年来，美国等一些国家对我国输入的罗非鱼产品加强了磺胺类药残检验，并对相关企业实施"自动扣检"措施，严重影响了罗非鱼的正常出口，增加了加工企业成本负担。罗非鱼加工出口企业每年用于药残检测费用少则几十万多则几百万元。

（四）出口竞争激烈，内销开发不力

目前我国罗非鱼出口产品以冻鱼片和全冻鱼为主，价位低，缺乏精深加工产品、品牌产品以及多元化新产品，出口的国家过于集

中，遭遇反倾销的市场风险日益增加。同时，随着罗非鱼产业日趋成熟，国际市场的竞争加大，如哥斯达黎加、厄瓜多尔、洪都拉斯、巴西等国因地理优势而具有较强竞争优势，亚洲的越南、印度尼西亚、泰国等也正积极发展罗非鱼产业。预计未来几年，越来越多投资者将加入罗非鱼产业领域，全球罗非鱼产量将猛增，罗非鱼产业的竞争将更加激烈。此外，近几年受国际市场经济形势波动、越南巴沙鱼等替代产品出口量增加以及全球新冠肺炎疫情和中美贸易摩擦等因素影响，出口成本飙升，罗非鱼出口效益明显下降，出口企业面临前所未有的困难。我国罗非鱼大都依赖出口，内销数量很少，且内销以鲜活鱼为主，冷冻加工产品占比极少，内销市场尚待开发。

（五）品牌意识不强，加工产品附加值低

我国罗非鱼加工行业起步相对较晚，存在先天不足。一方面罗非鱼精深加工能力较低，产品品类较单一，多以粗加工产品冷冻出口为主，即食式、精包装以及档次较高的高附加值相关水产品加工出口不足，影响外销市场占有率和竞争力水平，并且罗非鱼加工企业整体上属于低端劳动密集型企业，以数量而非质量为利益导向。另一方面，企业缺乏品牌意识，至今仍没有自己的罗非鱼及其制品核心品牌，国际贸易中处于被动地位，抵御外贸系统性风险能力较低。如越南巴沙鱼和美国狭鳕鱼在口感、食用方法上与罗非鱼近似，但其在美国市场价格仅为罗非鱼的 50%～60%。受其冲击，我国水产出口形势不容乐观。

四、罗非鱼养殖产业发展建议

（一）科学制定发展规划，因地制宜发展罗非鱼产业

罗非鱼是联合国粮农组织指定认可的"21世纪世界养殖优良品种"，是适合农业农村经济发展、助力农民增加收入的重要产业。各地政府应高度认知罗非鱼产业的重要性，因地制宜做好产业发展规划。一是罗非鱼发展规划要与区域经济发展规划相结合。各地区要划出罗非鱼养殖区域，标明可养区、禁养区，鼓励农民发展罗非

鱼养殖，加大对罗非鱼产业的扶持力度，进一步调动群众养殖罗非鱼的积极性。二是要重新制定罗非鱼养殖技术规范标准，增强养殖生产者环保意识，提高食品安全的社会责任感。

（二）加强良种选育，培育优质苗种

优良品种是养殖生产的物质基础，良种的选择和培育是产业增产的有效途径。完善、创新良种选育，是发展罗非鱼产业的重要组成部分。目前罗非鱼良种选育应主要针对其抗病力、耐盐性、耐寒性等几个方面进行。传染性疾病会导致受感染罗非鱼种群大量死亡，更需要警惕。因此，高抗病力品种（如抗链球菌）的选育应成为未来罗非鱼育种重点。

选育、保育工作需要长期的投入，投资规模大、收益周期长，仅有极少数科技型农业企业具有研发技术和实力，政府应针对性地加强对种业公司的扶持，以持续的研发、扶持、补贴项目支撑种业公司的发展。

（三）完善病害防治体系，推广科学养鱼

政府主管部门要重视罗非鱼病害防治，认真研究病害防治方案和措施，切实解决罗非鱼链球菌病害问题，为行业发展保驾护航。一是加大推广健康水产养殖新技术，提高商品鱼质量水平；二是进一步完善罗非鱼质量标准和操作规程；三是加强水产品质量安全监控体系建设，提高罗非鱼产品质量安全水平。政府主管部门要加强对罗非鱼养殖户质量安全意识的宣传教育，依法查处水产养殖用药行为。督促养殖户依法用药、科学用药、认真做好水产养殖生产记录、用药记录，规范养殖用药行为。严禁出售尚在用药期、休药期以及有违禁药物和渔药残留量超标的水产品，保障消费者安全。

（四）加大开拓内销市场，减少出口压力

罗非鱼营养丰富、卫生安全、经济实惠，适宜男女老少食用，在国内外市场享有美誉。我国有 14 亿人口，国内市场广阔，消费潜力巨大。建议政府或行业部门举办国内市场产品品牌推介会，定期举办罗非鱼节或罗非鱼专题展示会，扩大宣传罗非鱼产品和产业；推广团餐方式，让优质罗非鱼产品走进机关、学校、部队等，

让全国人民也能分享出口国际市场的水产品，扩大罗非鱼产品的内销市场。

(五) 深挖产品价值，创新加工产品

深挖产品价值，创新加工产品，要从产品入手，结合罗非鱼的特点打造特色品牌，推出符合大众口味、利于传播的拳头产品。大力发展罗非鱼初加工，推出方便大众烹饪的初加工产品，如处理干净的鱼块、鱼片、无刺鱼肉等，同时发展精深加工，推进对罗非鱼罐头或即食罗非鱼片等产业化、商品化产品的生产。冻鱼片是我国罗非鱼出口的主要产品形式，占整鱼重量的 45%～60%，而加工过程产生副产物（包括头、尾、骨、皮、鳞、内脏及其残留鱼肉）重量约占原料鱼的 40%～55%，对副产物的开发利用已成为罗非鱼产业发展的重要环节，如分解出来的鱼头、鱼骨、鱼内脏等可提取制备硫酸软骨素、鱼骨粉、鱼油等产品。开发利用加工副产物，提高了罗非鱼深加工的附加值，既增加了企业经济效益，又实现了变废为宝，提高产品溢价。

第二节　加州鲈养殖产业发展现状

一、加州鲈养殖历史沿革

加州鲈原产北美洲，是一种肉质鲜美、无肌间刺、生长快、易起捕、适温较广的肉食性鱼类。我国广东于 1983 年引进，1985 年人工繁殖成功，逐渐成为名优养殖品种。2010 年中国水产科学研究院珠江水产研究所白俊杰研究员团队育成新品种大口黑鲈"优鲈1号"（品种登记号：GS01-004-2010）并得到广泛应用。

二、加州鲈养殖产业现状

(一) 养殖情况

1. 规模布局

2021 年，加州鲈全国产量已达到 70 万吨。其中，广东省是我国

加州鲈养殖第一大省，养殖面积超过 10 万亩，产量 36.86 万吨，占全国产量的 52.6%。广东省的加州鲈养殖主要集中在佛山市，年产量达 17.06 万吨。第二大养殖省份是浙江省，养殖产量 11.97 万吨，主要养殖区是湖州市。第三大养殖省份是江苏省，养殖产量 4.2 万吨，主要养殖区是苏州市。除此以外，在四川、湖南、湖北、江西和福建省也有 1 万～3 万吨的养殖规模。加州鲈已成为近几年我国淡水养殖鱼类中发展最快、市场价格相对较高且较稳定、养殖经济效益较好的品种。

加州鲈苗种产区主要在广东省，产苗量约占全国的 60%，除满足当地养殖需求外大量销往全国各地。广东省苗种生产主要集中在佛山市的南海和顺德区，其产量占广东总苗量的 60% 以上。初步统计，广东年产水花规模达 5 亿尾以上的苗种企业不少于 20 家，年产加州鲈水花 250 亿～300 亿尾，产值超过亿元；年产乌仔 17.5 亿～20 亿尾，产值 15 亿元左右。浙江和江苏每年也有一定的加州鲈水花生产，主要集中在湖州和苏州。传统的加州鲈繁育多采用土塘产卵、孵化与培育的方式，但由于池塘育苗易受气温及水体中天然饵料丰度变化的影响，培苗成功率较低（10%～20%）。近年来，广东、浙江、江苏、四川等地采用的工厂化循环水育苗方式，较好地解决了氧气供应与水质处理问题，投喂方便、可控性强，因此可有效提高苗种的成活率（30%～40%）。为了让加州鲈在春季提前产卵，江苏与浙江等多采用年底（12 月）亲本进入加盖暖棚的土池里加强培育的生产方式，次年 3 月中旬出苗。广东、四川、江苏与浙江等地的反季节育苗技术也已成功，通过温度与营养调控实现全季节繁殖和苗种培育，可部分满足周年养殖的需求。此外，北方天津、河北等地采用早春苗并通过配套保温大棚进行早春鱼苗的养殖，以缩短养殖上市的时间。

加州鲈的养殖主要采用土塘精养的模式，20 世纪 90 年代初，开始给池塘养殖的加州鲈苗种驯化吃鱼浆，10 厘米大后投喂剁碎的冰鲜杂鱼，这种养殖方式在广东珠三角地区当年的亩产量可达到 3 吨左右。2010 年左右，加州鲈人工饲料研发取得较好的进展，现今大部分地区是以人工饲料喂养加州鲈，佛山市顺德区和南海区的养殖亩产达 3～5 吨，华东、华中和西南地区的养殖亩产在 1～1.5 吨。除了池塘精养模式，近年来广东和江浙等地也在尝试跑道推水养殖、集装箱养殖，福建和新疆等地的工厂化养殖也取得一定的成效，但总的量还很小。四川等地利用山区水资源，采用高位池养殖，亩产普遍在 10 吨左右。网箱养殖曾经是江西、江苏和湖北等地的主要养殖模式，近年来随着国家对水库、湖泊等水环境的保护，大多数水库和湖泊禁止网箱养殖，网箱养殖加州鲈已大幅度减少。

2. 产业效益

加州鲈的养殖成本当年鱼在 18 元/千克左右，隔年鱼在 28 元/千克左右，商品鱼价格随季节有规律波动，每年 6—9 月温度高，存塘鱼量少，价格较高，年底和第二年初商品鱼大量上市价格相对较低。由于加州鲈活鱼流通渠道顺畅，同期全国各地加州鲈商品鱼的收购价相差不大。广东佛山的南海和顺德，平均产量 3 500～5 000 千克/亩，这些地区的塘租也高，平均 6 000～10 000 元/亩，平均净利润可达 15 000～30 000 元/亩；其他地区平均产量 1 000～2 000 千克/亩，平均净利润 3 000～10 000 元/亩。但也有因病害和管理不当导致养殖失败和亏损的养殖户，特别是近年刚开始养殖加州鲈的湖北、苏北和河南地区养殖失败也有一定的比例。

（二）主要病害情况

近年来，加州鲈养殖病害问题也越来越显现。通常情况下第一年养殖的新塘比较好养，第二年病害就多了起来。加州鲈病害主要是三类：一是虫害，有车轮虫、杯体虫、斜管虫（季节性出现）、孢子虫等；二是细菌性疾病，有烂鳃、肠炎、黄杆菌病、气单胞菌病、诺卡氏菌病、溃疡（烂身）等；三是病毒性疾病，主要为溃疡病、脾肾坏死病和弹状病毒病。最近两年烂身病和孢子虫害常常并发，比较难治疗，一般每天每口池塘死十几尾鱼都是正常的，而如果连续几天出现上百尾的死亡，养殖户一般就会选择卖鱼清塘了。苗种期间近年经常在鱼苗转食阶段出现"白身病"，也有弹状病毒感染，死亡较严重；池塘养殖阶段，50～150 克/尾的加州鲈病害较严重，每天死亡一两百尾的池塘很常见，病鱼组织样品 PCR 检测到虹彩病毒特异性基因片段。

（三）流通与加工

广东省是加州鲈的主要产区，2019 年广东省加州鲈产量约 26 万吨，占全国总量的 60%，其中约有 20 万吨要销往北京、西安、郑州、成都以及上海的水产品市场，交易额约 60 亿元。因此，在珠江三角洲产生了一大批加州鲈流通企业。近年来，江浙一带养殖加州鲈产量逐年增加，这一带生产的加州鲈主要供应南京、杭州和上海的本地水产品市场，少量销往北京、西安等地。加州鲈商品成鱼都是鲜活销售，是典型的产地养殖全国配送的品种。近年来，加州鲈养殖产量不断上升，得益于发达的活鱼物流行业，加州鲈销售市场相对稳定。

加州鲈活鱼运输从早期的桶装充气车运输、塑料袋充氧空运发展为目前的冷藏集装箱长途运输。冷藏集装箱长途运输过程包括活鱼暂养、包装和运输三部分。暂养是将收购回来的鱼置于特殊的水池中，通过循环水系统将水温逐渐降到 10℃ 左右，目的是尽量排清粪便，降低运输途中氨氮含量，一般暂养时间为 6～8 小时。包装时将鱼装入泡沫塑料箱中，每箱水和鱼合计为 40～50 千克，鱼水重量比例春夏季 1∶2、秋冬季 1∶1。运输时将集装箱内的温度调在 5℃ 左右，每个箱中放入一个充气头与车上的氧气瓶连接，并保证氧气的充足供应。使用该运输技术可保证加州鲈在 80 小时以内存活率达 95% 以上，每辆运输车可运送活鱼 5～10 吨。加州鲈运输车辆可以行驶在高速公路鲜活农产品"绿色通道"上，运行途中享受通行费的优惠及优先通行的权利，这样极大地促进了鲜活水产品的长途运输，基本上可实现国内只要有高速公路的地方，加州鲈活鱼就能销往该地。像广东何氏水产有限公司开发的远程活鱼运输技术，2 000 千米的运程只需 30 多小时，成活率在 95% 以上，运输成本每千克只要 1.5～1.8 元，该公司建立的鲜活鱼销售网络遍及北京、上海、福州、南京、郑州、西安、昆明、成都、长沙等国内 50 多个城市，仅一家公司，每年配送加州鲈 3 万多吨。

与大多数淡水鱼品种一样，加州鲈的加工还处在起步阶段，加工以冷冻产品为主。近年也出现了加工好的鱼片等冷冻产品，如酸菜鱼（预制菜）的发展势头就很好，红遍大江南北，酸菜鱼品牌店以加州鲈做原料鱼的占比达 23%，涌现出一大批网红品牌。

（四）市场情况

全国的加州鲈商品成鱼大多以鲜活销售，农贸市场和多数超市都有活鱼销售。上市规格一般在 0.4~1.2 千克，既有称重卖，也有论尾来卖。由于加州鲈肉质好，没有肌间刺，鱼体形状好，价格也有优势，很适合当前的小家庭消费。市场供应量受限于商品鱼生产，价格变化具有明显的季节性。加州鲈也是饭店里的主要水产品种，以清蒸鱼、糖醋鱼和酸菜鱼为主。与鳜、多宝鱼、石斑鱼相比，价格上有明显的优势。

（五）产业扶持

2017 年开始，国家和广东、浙江等省分别成立了特色淡水鱼产业技术体系，加州鲈是其中的主要品种，体系支持加州鲈的种质资源、新品种培育、营养饲料、病害防治和加工等研究工作，使得加州鲈产业技术有了长期稳定的支持。各地以加州鲈养殖、育种、病害防治的项目立项也大有增加，为产业的可持续发展提供了有力支撑。

（六）其他情况

种业是水产产业发展的基础，2010 年以来先后培育出"优鲈 1 号"和"优鲈 3 号"，这是至今已通过全国水产原种和良种审定委员会审定的两个品种。"优鲈 1 号"新品种的生长速度比未选育前提高了约 20%，畸形率也由原来的 5% 降低到 1.1%。新品种在广东、江苏、浙江、天津、湖南和四川等省、直辖市推广取得很好的效果，结束了加州鲈靠野生驯化种养殖的历史。2018 年培育的"优鲈 3 号"新品种是在"优鲈 1 号"的基础上引入来自美国的大口黑鲈原种，以摄食人工配合饲料条件下的生长性能和易驯化摄食配合饲料为主要选育性状，经过多代群体选育获得的新品种。在相同养殖条件下，进行人工配合饲料喂养时 1 龄加州鲈"优鲈 3 号"平均体重增长比加州鲈"优鲈 1 号"快 15.06%～22.02%，比引进的加州鲈快 26.77%～30.1%，驯化摄食配合饲料的时间明显缩短，驯食成功率提高。

三、加州鲈养殖产业存在的问题

(一) 种质问题

研究结果显示，国内养殖加州鲈在分类地位上属于大口黑鲈北方亚种，但其遗传多样性只有美国野生群体的 70% 左右。推测主要原因是当初引进时的奠基种群太小，加上引种不注重亲本留种的操作规程，甚至有的苗种场为了生产上的方便，将上年卖剩的鱼作为亲本进行繁殖，致使加州鲈种质的质量有所下降，表现为生长速度下降、性成熟提前、病害增多等。目前培育成功的良种仅有"优鲈 1 号"和"优鲈 3 号"，冒牌现象比较严重，这也制约了加州鲈养殖业稳定、健康和可持续发展。

(二) 人工配合饲料问题

随着海洋捕捞资源的过度开发，冰鲜小杂鱼的价格不断攀升，每千克由十几年前的 1 元多涨到现在 3～5 元，增加了加州鲈养殖成本。自 20 世纪 90 年代开始，业内人士就已经看到了加州鲈产量逐年增长所带来的饲料市场空间，相关的研究机构和饲料企业都投入了大量资金和精力进行加州鲈饲料的开发，最终取得成功。但由于饲料养殖，鱼长到 200 克以后，特别是 7—8 月高温期的养殖效果还是不很理想，养殖户反映吃了某些配合饲料之后鱼容易长胖，体型不好看，肝脏易发生病变，产生所谓的"脂肪肝"。目前还有少数用户仍用冰鲜鱼养殖，或用冰鲜鱼和饲料交替投喂。人工饲料的质量还有待提高，成本有待进一步降低。

(三) 养殖病害问题

长期以来，加州鲈的养殖者为了追求产量和效益，养殖密度不断提高，加上种质退化，导致病害频发。目前加州鲈的常见病有十几种，包括寄生虫、病毒病和细菌病，也有多病原综合发病现象。有些病如溃疡病和病毒病给养殖者带来了巨大的经济损失。随之而来的是药物不规范现象较为普遍，水产品质量安全得不到有效保障，给产业的可持续发展带来严重影响。

（四）产业化经营缺乏

我国加州鲈养殖规模已经不小，但由于管理落后，加上投入的资金比较大，如一口 10 亩的鱼塘每年生产 25 吨鱼，每年要投入 30 万～40 万元，导致大部分养殖户的养殖面积一般只有几亩或十几亩，鲜有见到成百上千亩的养殖专业户或农场。由于没有实行企业化运作，且只限于加州鲈的养殖，产业链短，发展水平低下，养殖户往往是今年鱼价高了，明年养殖的人就增加，而今年鱼价低了，明年就会纷纷改养其他品种，致使加州鲈商品鱼的价格每年都在波动。在这种情况下，如何保持产业的可持续发展和产业化经营是加州鲈产业稳定向前发展的关键。

四、加州鲈养殖产业发展建议

（一）良种培育与推广

加州鲈新品种"优鲈1号"和"优鲈3号"先后通过了全国水产原种和良种审定委员会的审定。几年来在全国推广取得很好的效果，每年生产和推广的"优鲈1号""优鲈3号"苗种在 60 亿尾左右。但在推广中还存在着一些问题，如加州鲈国家级水产良种场只有 1 家，良种生产主要靠良种培育单位的示范场和示范基地进行，良种生产能力有限，远不能满足苗种繁育场的需要。国家应加强对加州鲈良种场建设，充分发挥政府在水产良种产业发展中的主导作用，从政策和资金两方面对良种的培育、生产和推广给予扶持。

（二）人工配合饲料开发与推广应用

针对人工配合饲料配方的改进与完善，需加强对加州鲈营养需求的研究，从饲料蛋白源、脂肪源及糖源利用率等方面深入探讨，开发适合幼鱼、商品鱼和亲鱼等不同市场需要的配合饲料。

同时加强对饲料市场监管，对劣质饲料进行打击，维护养殖户的利益。

（三）病害防治

针对加州鲈养殖过程中的病害状况，建议养殖者采用合理的养殖密度，多采用以微生态制剂为主的生态防治技术，减少化学药物的使用。此外，政府需加大力度对加州鲈病害研究项目的扶持，建立病害的快速检测技术，加快加州鲈病害相关疫苗的研发，特别是病毒性疾病疫苗的开发和应用。

（四）产业化经营

以市场为导向，以流通企业、加工企业或大型养殖企业为依托，以广大养殖户为基础，以科技服务为手段，通过把加州鲈生产过程的产前、产中、产后等环节联结为一个完整的产业系统，建立"公司＋农户"模式，由公司繁殖良种统一提供种苗给农户；统一生产配合饲料提供给养殖户；为养殖户提供先进的养殖技术和市场咨询；养殖户养成的商品鱼再由公司统一回收销售，公司甚至可以与养殖户议定最低的收购价，在商品鱼收获之前给予养殖户一定数量的苗种、饲料或渔药的赊欠。这样不仅能产生集种苗、养殖、加工、物流、销售各环节"产供销"一体化的综合性企业，还能提高产品的附加值。大型企业更接近消费市场，不仅拥有较多的市场资源和信息，而且对产业还有着较深入的观察和思考，往往能带动整个行业朝着更高的目标前进。这种"公司＋农户"的模式在加州鲈养殖行业中已开始酝酿和实施。

（五）打造品牌、推广饮食文化

与我国目前绝大多数水产养殖品种一样，加州鲈至今仍未有标志性的品牌，无品牌商品的市场价格波动幅度大，抗跌能力也差。因此，首先从养殖入手，制定养殖规范，建立技术标准，保证养殖出高质量无公害的加州鲈，通过多种渠道，如在超市开设鲈鱼专柜等，将绿色的优质产品推向市场，逐渐树立品牌，从而提高养殖户的利润，引导消费者放心吃鱼。其次，大力发展精深加工，丰富加工种类，提高加州鲈加工品质，如将加州鲈加工成鱼酥、鱼松、烤鱼等休闲食物，既避免年底加州鲈集中上市时销售困难，又可大大提高产品的附加值。此外，研究加工食用方法和烹饪技术，制作名菜佳肴，推广加州鲈的饮食文化。

第三节 鳗鲡养殖产业发展现状

一、鳗鲡养殖历史沿革

日本是最早养殖鳗鲡的国家，早在 20 世纪 20 年代开始鳗鲡养殖，曾一度为世界养鳗第一大国，现产量仍占据第二；20 世纪 50 年代初，鳗鲡养殖技术传入中国台湾，至 50 年代后期便实现生产性养殖，一度产量位居世界第二；韩国在 20 世纪 70 年代开始养殖鳗鲡，现已成为第三大养鳗国。

中国作为现今世界第一养鳗大国，鳗鲡养殖业在国内的起步阶段为 20 世纪 70 年代初至 80 年代初，此时中国大陆开始试养鳗鲡，到 1984 年底，全国鳗养殖产量仅为 300 吨；80 年代中期至 80 年代末为发展上升期，鳗鲡养殖技术日趋成熟，广东省的土池养鳗模式和福建省的水泥池精养鳗模式得到突破，中国开始出口鳗和烤鳗产品；90 年代初至 90 年代末为快速扩张期，仅福清市在 90 年代初就有 300 多家养鳗场，鳗鲡产业不仅在福建、广东等地迅速崛起，并且在江西、浙江等多省也得到发展；90 年代末至 2015 年左右为市场调整期，由于鳗产品的质量安全、贸易壁垒、市场供需等问题，鳗鲡产业在这段时间经历了数次重大危机的考验，很多企业在危机中退出或破产，产业规模亦出现了缩减；2015 年至今为转型增长期，国内鳗鱼产品的消费量近几年逐渐达到和超过国际市场，出口量也在逐步增加，市场呈现多元化，养殖规模稳中有升，同时由于受到尾水排放标准、鳗苗资源等因素的制约，鳗鱼产业需要做出一定的调整和升级，总体上正向着规模化、环境友好型的方向发展。

二、鳗鲡养殖产业现状

(一) 养殖情况

1. 规模布局

2021 年全国鳗鲡养殖产量 25.53 万吨，比 2020 年增长 1.83%，其中广东省 10.79 万吨，福建省 11.10 万吨，两省合计占 比达 85.74%；江西省鳗鲡养殖产量 2.01 万吨，江苏省 0.80 万 吨，合计占比达 11.01%，其他省份如浙江、湖北、海南、广西等 产量大多在一两千吨，合计约占 3.25%。中国大陆现有养鳗场 1 500 多家，其中日本鳗鲡主产区在广东省；美洲鳗鲡主产区在福 建省，其次是江西省；福建省亦有少量的日本鳗鲡。

广东省鳗鲡养殖区域面积约 1 万公顷，主要以江门台山和佛山 顺德为中心，江门市和佛山市的鳗鲡养殖产量占全省的 87%。广 东省以土池养鳗模式为主，其中顺德区最早开始土池养鳗，台山市 作为后起之秀，养殖产量已占广东省鳗鱼养殖产量的 50%，养殖 面积达 0.5 万公顷（图 2-6）。

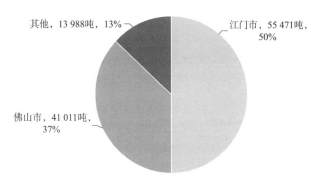

图 2-6　2020 年广东省鳗鲡产量分布

福建全省鳗鲡养殖面积 3 269 公顷，有大小养鳗场 800～ 900 家，以水泥池精养模式为主，土池模式为补充，由于城市建设、 环境整治等原因，养鳗场比几年前减少了 100 多家，很多养鳗场转 移到南平、三明、龙岩等地。福建省鳗鲡养殖产量分布见图 2-7。

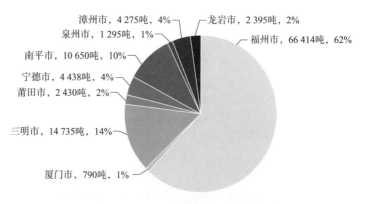

图 2-7 2020 年福建省鳗鲡产量分布

2. 产业效益

从 20 世纪 70 年代末开始养殖至今，经过 40 年的发展，中国鳗鱼业已形成养殖、饲料及动保产品生产、加工、鳗苗及活鳗、烤鳗的国内外贸易等全产业链的产业，2021 年全国鳗鲡养殖产量 25.53 万吨，全国鳗加工产量达 15.14 万吨。根据 2021 年 1—11 月海关统计，中国出口鳗产品 6.44 万吨，创汇 12.47 亿美元，其中出口 5.46 万吨烤鳗，创汇 10.73 亿美元。

此外，全国鳗鱼加工企业约 40 家，鳗鱼饲料企业 20 多家，涉鳗从业人数超 30 万人，全产业链年产值超 300 亿元，在中国水产养殖业中可谓举足轻重。

（二）主要病害情况

鳗鲡病害主要包括寄生虫病、细菌病、病毒病和真菌病。寄生虫病主要有指环虫病、车轮虫病、小瓜虫病、锚头鳋病、鳗居线虫病、微孢子虫病等；细菌病害主要有爱德华氏菌病、由柱状屈挠杆菌引起的烂鳃病、由假单胞菌感染引起的鳗赤点病、肠炎等，在沿海地区养殖还受到弧菌的侵害；病毒病害有疱疹病毒病、脱黏败血综合征、由腺病毒引起的病毒性血管内皮坏死等；真菌病主要有水霉病、鳃霉病等。

（三）流通与加工

1. 流通情况

鳗鲡产品主要包括烤鳗、活鳗和少量冻鳗，主要通过以下三种销售途径进行流通：一种是作为活鳗直接供应国内外市场，销往各大水产市场以及水产批发商。另一种是作为烤鳗的原材料销往烤鳗场或专门的收购商，制作成烤鳗产品流通到国内外市场。三是大型鳗企直销，除常规销售外，通过电商、短视频平台，将鳗鱼产品流通至新零售、商超、各大展会平台等线下主流渠道进行销售，并打造连锁餐饮业。

通过以上三种方式，2021年中国的活鳗出口约1万吨，其余供应国内消费；烤鳗则一半出口，一半供应国内市场消费。

2. 加工情况

当鳗鲡长到200克/尾以上时，就可视为商品鳗，可根据需求安排捕捞、销售与加工。目前鳗鲡的加工主要以烤鳗的方式对外出售。此外，冷冻鳗鱼片是鳗鲡加工的另一种方式，这种加工方式生产的鳗鲡产品比例还很少。

2020年全国鳗鱼加工产量达12.92万吨，其中福建省鳗加工产量为5.44万吨，烤鳗产量达49 975吨，年产值75.6亿元。据调查，全国鳗加工企业40家左右，其中福建省烤鳗加工企业达到20家，年加工烤鳗能力约15万吨。2021年福建省烤鳗厂烤鳗加工产量普遍增长，1—11月全省烤鳗产量比2020年同期增长40%左右。广东省有具备一定规模的烤鳗厂16家，年生产烤鳗约1万吨。

（四）市场情况

1. 国内消费

2020年由于疫情影响，烤鳗市场无论价格还是产量均出现了先抑后扬的局面，到2021年上半年烤鳗价格甚至超过了2020年，全国鳗的国内市场保持了良好态势。2021年全国烤鳗内销5万～6万吨，约占全国烤鳗产量的一半，烤鳗市场价格180元/千克。2021年以来，国内活鳗销售5万～6万吨，根据中国鳗鱼网2021年及2020年鳗鱼市场价格周报统计，美洲鳗市场价格同比上扬，日本鳗市场价格同比下跌（表 2－1），2021 年国内活鳗市场价格见图 2-8、图 2-9。

表 2－1　2021 年中国大陆不同规格活鳗均价

项目	1.5P*	2P	2.5P	3P	4P	5P
美洲鳗（元/千克）	70.0	72.9	81.7	86.7	92.1	88.0
同比（%）	33.69	24.31	27.60	18.75	12.70	−3.04
日本鳗（元/千克）	72.9	75.2	82.2	88.6	97.5	100.0
同比（%）	−20.18	−43.87	−46.83	−50.06	−54.71	−59.79

注：P 代表鳗鲡规格，相当于"尾/千克"，如 2P 为每千克 2 条鳗。

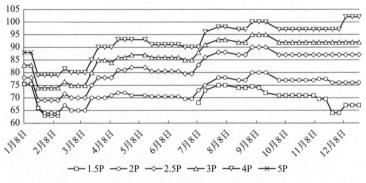

图 2-8　2021 年国内美洲鳗市场价格变化（元/千克）

2. 国际贸易

2020 年上半年由于受中美贸易战和全球新冠肺炎疫情的冲击，鳗对外贸易严重受挫，下半年逐渐恢复，并在 2021 年大幅上升。根据 2021 年 1—11 月海关数据统计：中国出口鳗产品 6.44 万吨，比 2020 年全年鳗出口量增加了 21%，创汇 12.47 亿美元。其中烤鳗 1—11 月出口量比 2020 年全年增长了 28%，出口创汇 10.73 亿美元，占 85%；活鳗出口情况与 2020 年接近，创汇 1.57 亿美元，占 14%（图 2－10）；从烤鳗出口产量看，前 6 名的合计占比达 85%。

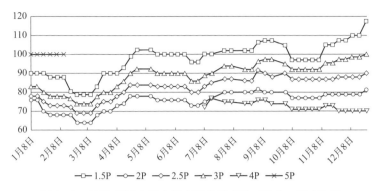

图 2-9　2021 年国内日本鳗市场价格变化（单位：元/千克）

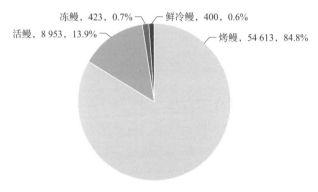

图 2-10　2021 年 1—11 月全国出口鳗产品构成（吨）

福建省的鳗鲡产品出口多年来居全国第一，2021 年 1—11 月出口鳗产品 35 240 吨，占全国出口量的 54.73%，创汇 6.77 亿美元。其中出口烤鳗 32 911 吨，占全国烤鳗出口量的 60.26%，创汇 6.36 亿美元；出口活鳗 2 072 吨，占全国出口量的 23.14%，创汇 3 818 万美元。据中国海关统计数据，广东省 2021 年 1—11 月出口鳗鲡产品 1.11 万吨，其中烤鳗 7 274 吨，占全国烤鳗出口量的 13.3%；出口活鳗 3 869 吨，占全国活鳗出口量的 43.2%。

（五）产业扶持

广东省各级政府部门对鳗养殖业进行重点扶持，在土地出让金和税收方面给予优惠，加大出口鳗质量安全示范区建设推广力度，建立以奖代补资金，对农户发展鳗养殖给予补助，引导和推动鳗产业发展。佛山市顺德区每年投入 1 亿元以上的资金扶持鳗养殖业发展。2018 年，台山建立了涵盖全产业链的鳗省级现代农业产业园。此外，广东省还推出了"鳗鱼贷"，这是中国农业银行广东分行针对鳗养殖、加工、销售等环节的客户专门设计的信贷产品。

目前，福建省鳗鲡产业链发展较为成熟，针对鳗鲡产业在政策、资金扶持方面较少倾斜。然而，全省大多数地区对鳗鲡养殖业的管理及尾水排放方面要求却十分严格。如要求鳗企提供或补齐环境影响评价手续；有些地方按照《地表水环境质量标准》，严格要求养殖企业排放的尾水中总磷含量控制在 0.5 毫克/升以下，不达标者予以行政处罚。下一步，福建省可能对建立尾水处理系统并达标排外的鳗企予以一定的补助。

（六）其他情况

1. 冷链物流

鳗产品的运输主要包括烤鳗、活鳗和鳗苗，其中烤鳗的运输使用冷链物流，通过陆运、海运和空运运输方式出口到国外；鳗苗和活鳗采用低温运输。具体方法如下：

（1）鳗苗　装运前要做好各项准备，首先清除死苗及杂物，撇除黏液。水温在 20℃以上需采取降温措施，使运输鳗苗的袋中水温保持在 12℃左右。运输过程要防止阳光直射和大风久吹。鳗苗运输多用尼龙袋充氧后装进塑料泡沫箱的办法。规格为长 70 厘米、宽 54 厘米的双层聚乙烯薄膜袋，每袋装洁净、低温水 1～2 升，鳗苗 1～2 千克，充入氧气密封，放入 66 厘米×33 厘米×35 厘米的泡沫箱里，每箱放 2 袋，并在两袋间放冰袋 1 只，内放冰块 1～2 千克，以保证低温。运输时间不要超过 30 小时。鳗苗到达目的地后，先将尼龙袋放在池塘中浸泡半个小时，使袋内外水温接近，然后放苗。

（2）活鳗　采用的方式与鳗苗相似，装袋前需采用"三级降温法"，将水温降到 8℃左右。装袋、充氧、封口最后将装鳗尼龙袋放入纸板箱内，每箱装 2 袋。纸板箱的规格为 32 厘米×35 厘米×65 厘米，为防止运输途中升温，箱内四角应放 4 只小冰袋；为防止尼龙袋漏水，箱内应配尼龙衬袋 1 只，冰袋与鳗袋之间加垫衬板，最后打包待运。尼龙袋运输成活率很高，在 24 小时内到达者，一般都不会死亡。

2. 电商

大型鳗企在电商板块不断发力，带动鳗产品的网上热销。如福建省天马集团有限公司依托全产业链优势，建设全渠道运营团队，采用创新营销手段，如在京东自营店、天猫旗舰店、抖音、快手等网店及视频传播平台进行网上销售、直播带货，并通过优化产品设计，打造符合年轻人消费需求的鳗饭便当礼盒，实现加热即食、携带方便的功能。通过品牌营销，带动了国内鳗市场的兴旺。

2022 年 1 月淘宝网月销量数据可查的前 6 名烤鳗品牌依次是"鳗鲡堂""胖舅舅""九里京""鲙品""口水时代""鳗知道"，月销量依次为 5 万份以上、6 000 份以上、4 000 份以上、3 000 份以上、2 000 份以上、2 000 份以上。其中"鳗鲡堂"品牌属福建省天马科技集团股份有限公司旗下公司，"胖舅舅""九里京""口水时代"均属于莆田东源水产食品有限公司，"鲙品"为福建大昌食品有限公司品牌，"鳗知道"属于福清海峰食品有限公司，均为福建鳗企旗下品牌。由于广东省鳗鱼主要以活鳗形式销售，鳗鲡产品在各大电商所占份额不及 20%，可以查到的有"顺 e 德"和"顺龙鳗"等品牌。

3. 产品认证

2011 年，台山鳗被列为"国家地理标志产品"，产业园内鳗产品均达到国内绿色食品标准及《出口鳗鱼商品技术指南》的要求。大型鳗企如福建省天马科技集团股份有限公司建立了可溯源食品安全体系，通过产品专属二维码进入溯源系统，借助证书、图片和视频等资料，追溯食品从原料来源到养殖生产、加工制作、冷链物流，到进入消费者餐桌的全流程信息，做全程可溯源的安全、健康食品。

4. 品牌建设

中国鳗产业在烤鳗产品方面的品牌建设已经做得比较完善,福建省大型鳗企及旗下公司的品牌建设最为完善,广东省由于主要销售活鳗,品牌拥有较少。国内主要烤鳗品牌包括福建省天马科技集团股份有限公司旗下公司的"鳗鲡堂""鳗和堂""福荣",以及"华盛""九里京""胖舅舅""口水时代""鳗鱼工坊"等其他福建省内烤鳗品牌。

"鳗鲡堂"品牌所属的福建省天马科技集团股份有限公司的旗下公司,平均每年出口日本冷冻烤鳗2 000吨以上,2021年淘宝网月销量5万份以上;莆田东源水产食品有限公司的"九里京""胖舅舅""口水时代"等三个品牌在淘宝的月销量合计达1.2万份以上;"福荣"品牌所属的福清福荣食品公司,年产冷冻烤鳗2 000~3 000吨,产品主要销往日本、美国和澳大利亚。

5. 新情况新变化

一是由于养殖尾水治理及城市规划拆除等政策因素的影响,一部分福建省沿海的养鳗场转移至江西省继续养殖,预计未来江西省鳗鲡养殖产量将出现上升。二是产业出现内销外贸两旺的局面。虽然鳗产业是传统的外向型产业,但随着鳗企对国内市场的不断拓展,提升了鳗产品在国内的消费热度,内销不断扩大,而出口量同比增加。三是产业链延伸,如福建省天马集团有限公司目前正规划进一步扩大食品加工产能,加快推进福建、广东、江西等地已有的产业基地项目,打造成为文旅中心、休闲中心、美食中心,引领智慧"鳗鱼全产业链"文旅发展。

三、鳗鲡养殖产业存在的问题

(一)鳗苗资源受限

由于鳗鲡生活史及繁殖方式的特殊性,鳗鲡的人工繁殖至今仍然是一个世界难题,鳗鲡是唯一一种养殖产量庞大而苗种只能依靠天然捕捞的淡水养殖品种。虽然日本已做到从鳗鲡人工催产到玻璃鳗的全程育苗,但由于成活率过低的原因,现阶段并不具备商业性。

（二）欧洲鳗鲡苗进口问题

欧洲鳗鲡养殖是我国利用国际资源的最成功项目之一，产业规模曾达数十亿元。虽然欧洲鳗鲡已被列入《濒危野生动植物种国际贸易公约》的附录Ⅱ而受到欧盟出口管制，但欧洲国家仍可将欧洲鳗鲡苗作为烹饪食物摆上餐桌，欧洲以外其他国家亦可直接凭借欧洲鳗苗出口国的出口许可证进口欧洲鳗苗进行养殖，且 2020 年 10 月以来，欧盟也颁布法令，对欧苗的管制开始有所放松。

然而，由于国内进口欧洲鳗苗增设了进口许可证一关，且审批政策烦琐、耗时长，无法适应国内鳗企进口鳗苗的实际需要，常难以按照规定合法进口。由于以上原因，2021 年国内欧洲鳗鲡苗正规进口数量几乎为零，国内欧洲鳗鲡苗的养殖处于消亡状态。

（三）出口售价低

尽管我国是全球最大的鳗鲡养殖国家，但出口贸易中鳗产品的定价权却在日本。中国活鳗和烤鳗的售价远低于日本同规格产品。

（四）全国鳗鲡养殖产量统计数据偏高

根据每年全国鳗鲡苗的捕捞量、鳗苗进出口数据以及投苗量等数据计算，全国鳗鲡养殖实际产量往往比渔业统计数据偏低 30% 以上。鳗鲡产业链牵涉面较广，中国鳗业动态和相关数据一直受到国内外从业者的关注，鳗鱼统计数据应更反映实际。

（五）尾水排放标准问题成为行业生存瓶颈

据《全国第二次污染源普查公报》显示：全国水污染物排放量中总磷 31.54 万吨、总氮 304.14 万吨，其中水产养殖尾水排放量总磷 1.61 万吨、总氮 9.91 万吨。水产养殖排放尾水对自然水域中总磷贡献率约为 5%，总氮贡献率仅为 3%（表 2-2），且氮、磷均为自然界中天然存在的营养盐，氮肥和磷肥更是农作物生产所必需，与重金属、有毒有害物质等真正污染环境的物质有本质的区别。

表2-2 全国水产养殖业水污染物排放量

指标	水产养殖业（万吨）	全国总量（万吨）	占比（%）
化学需氧量	66.6	2 143.98	3.11
氨氮	2.23	96.34	2.31
总氮	9.91	304.14	3.26
总磷	1.61	31.54	5.10
动植物油	—	30.97	—
石油类	—	0.77	—
挥发酚		244.1	—
氰化物	—	54.73	—
重金属（铅、汞、镉、铬等）		182.54	
合计	80.35	3 089.11	2.60

数据来源：《第二次全国污染源普查公报》。

　　然而，社会各界对于鳗鱼养殖的"污染"却存在较大误区，例如目前福建省鳗鲡养殖主要采用传统水泥池精养模式，日排水量常在1 000吨以上，随着福建省各级政府对生态环境保护日趋重视，鳗鲡养殖尾水排放正成为当前较为突出的问题，而各地针对养殖企业尾水排放采用的标准并不一致。

　　按照《中华人民共和国环境保护法》（第二十八条）及《中华人民共和国水污染防治法》（第十五条、第八十三条）规定，具有行政执法依据的标准是国家或地方的污染物排放标准或水污染物排放标准，目前与水产养殖尾水排放相关、理应作为执法依据的污染物排放标准是《污水综合排放标准（GB 8978—1996）》。然而不少地方政府及环保部门在尚未制定地方水污染物排放标准的情况下，往往直接根据自身的环保需求或压力自行决定适用标准进行执法，如采用行业推荐标准《淡水池塘养殖水排放要求（SC/T 9101—2007）》，甚至采用《地表水环境质量标准（GB 3838—2002）》要求养殖企业排放的尾水中总磷含量需控制在0.5毫克/升以下甚至0.2毫克/升以下，将养鳗尾水排放标准参照水源水，造成不少养鳗企业被迫罚款数万到数十万元，有些养鳗企业面临关闭的风险。由于政策压力影响，福建省沿海地区的部分鳗企只得将鳗场转移到外省。

四、鳗鲡养殖产业发展建议

（1）苗种方面　一是加强与北非等地区的贸易联络，拓宽欧洲鳗鲡苗的合法进口渠道；二是加强鳗鲡人工繁殖的研究和技术攻关；三是进一步简化欧洲鳗鲡苗的进口手续。

（2）病害方面　一是以防为主，推行生态综合防控；二是研发鳗鲡常见疾病的特效药物或疫苗，如烂鳃、红头、肠炎以及小瓜虫、指环虫等寄生虫病。

（3）加工与销售方面　提高我国作为养鳗大国在国际市场上的话语权和定价权，充分发挥协会、联盟及合作社等社会化组织的协调能力，加强鳗鲡企业间的团结协作和交流互信，使鳗鲡市场从供苗到成鳗上市更加有序健康，解决各方利益的分配问题，提高对抗国外技术性贸易壁垒的能力，一致应对国际市场的种种风险。

（4）尾水排放方面　一是加强同生态环境部门的沟通，对鳗鱼养殖尾水中氮、磷等的排放量进行测定，按排放量比例划分责任，明确或制定适合的水产养殖尾水排放标准，防止出现执法中标准的误用、滥用，切实解决鳗鲡养殖业目前面临的困境；二是开展饲料研究，确定不同品种鳗适宜的蛋白质/脂肪比例需要，提高蛋白质利用率，从饲料端减少氮、磷等的排放；三是加大尾水综合利用和处理技术研究的攻关投入。在养殖池外设置粪污收集装置、固液分离器，滤网的网目大于200目为宜，将养鳗尾水中的粪便等固形物及时取出，减少尾水排放量及后端处理压力，并建设尾水沉淀池和处理池，将排放的尾水经过综合处理后再利用。四是在有条件的地方可采用养殖尾水过沉淀池排放至农田，供农田灌溉利用水质标准参照《农田灌溉水质标准》（GB 5084—2021）。

第三章
CHAPTER 3
健康养殖模式

第一节　罗非鱼主导养殖模式

（一）罗非鱼传统养殖模式

罗非鱼作为主要加工出口原料鱼，大部分采用投喂人工配合饲料的精养方式。传统养殖模式主要有池塘精养、水库网箱养殖和水库大水面精养等三种养殖模式。

1. 池塘精养模式

池塘精养是广东、海南、云南、福建等地罗非鱼养殖的主要模式。池塘精养模式又分罗非鱼单养、混养和综合养殖 3 种，目前以单养为主。养殖池塘面积一般 10～50 亩，过去采用一年一造养殖模式，目前大多采用一年两造或两年三造养殖模式。

罗非鱼一年两造养殖法是指在一周年内在罗非鱼饲养池塘两次放种饲养、两次清塘收获的养殖方式。3—4 月放养 20～60 尾/千克大规格鱼种，7 月上市；7—8 月放养 20～40 尾/千克的大规格鱼种，年底上市。罗非鱼二年三造养殖模式是指在两周年内在罗非鱼饲养池塘三次放种饲养、三次清塘收获的养殖方式。第一造在当年 4 月放养 60～140 尾/千克苗种，养至当年 10 月上市销售；第二造在当年 10 月放养 10～20 尾/千克大规格苗种，养殖第二年 6 月上市销售；第三造在第二年 6 月放养 120～160 尾/千克规格苗种，养殖第三年 4 月上市销售。这样循环养殖，在整个养殖周期内实现"两周年养三造"的养殖模式。

2. 水库网箱养殖模式

水库网箱养殖罗非鱼模式主要分布在海南、云南、福建等地。水库网箱养殖的网箱一般为正方形，规格为长、宽 3～5 米，高 3 米。网箱主要由框架、箱体、箱盖等组成。箱体由聚乙烯无结或有结网片装配而成，用建筑钢管作框架，加仑* 桶作浮子。网箱内侧与水面交界处用网目为 40 的网片围堵，深 0.6 米，水面上下各 0.3 米，以防止漂浮性饲料溢出网箱。网目大小以网箱内鱼不能逃逸为宜。网排之间相距 1 米，箱与箱之间保持 0.5 米左右的距离。一般选择常年水温较高的水库进行罗非鱼养殖，可以缩短养殖周期。进行网箱养殖的水库应满足交通方便、水质清新、没有污染源、面积400 亩以上等条件。网箱应设置在水深 5 米以上区域，该区域的水体溶解氧应在 5 毫克/升以上，透明度不小于 0.8 米，有微水流更佳。一般放养大规格的人工越冬鱼种，规格以 6～8 尾/千克为宜。每天分早、中、晚三次投喂饲料，三次投喂量占比分别为30％、30％、40％，每次投喂时间控制在 20～30 分钟，以 80％～90％的鱼吃饱离开为止。水温下降或摄食率降低时，应逐渐减少投喂频次和投喂量。

3. 水库大水面精养模式

水库大水面精养模式一般选择没有灌溉、排洪需求的水库进行，水库面积宜在150～500 亩。水库大水面精养一般采用混养的方式，青鱼、草鱼、鲢、鳙等都是理想的混养对象，起到控制有机碎屑和浮游生物的作用，从而达到减少水质污染的目的。春季放养罗非鱼越冬种，规格50 尾/千克，放养密度为 1 500 尾/亩，套养

---

* 加仑为非法定计量单位。1 加仑＝3.79 升——编者注

鲢、鳙等鱼种（密度为 150 尾/亩）。水库一般使用膨化颗粒饲料，饲料投放面积一般不能小于水库总面积的 20%，从水库中间逐渐投喂到四周，确保覆盖到各个区域。投喂饲料应考虑季度、气温和天气等因素，气温过高或过低时以及降雨较大时要适当控制投喂量，减少对水质和鱼体的影响。

（二）罗非鱼新兴养殖模式

随着近年来国内外绿色生态养殖理念的推广以及各类先进养殖技术和设施装备的不断发展，水产养殖模式已由传统方式向工程化、高度集约化、环保生态化方向发展。根据各地养殖生产特点，逐步有罗非鱼养殖企业开始尝试采用池塘流水槽循环水养殖、陆基圆形池循环水养殖、陆基集装箱养殖等新兴养殖模式进行生产，池塘养殖中底排污技术、鱼菜共生技术等先进生产配套技术也逐步得到应用。

1. 池塘流水槽循环水养殖模式

池塘流水槽循环水养殖模式自 2013 年开始在我国试验示范，近年来逐渐兴起并得到推广。该模式将池塘设置成流水槽养殖区和大塘生态净化区两部分。流水槽养殖区一般占池塘面积的 3%～5%，建设有气提、残饵与粪便回收装置，通过水槽末端将粪污收集移出池塘外沉淀处理再利用。大塘生态净水区以养殖滤食性鱼类为主，水草种植占净化区 20%～30%，并采用生物浮床、微生物制剂等生物净水技术实现养殖周期内养殖尾水零排放或达标排放。水槽内的罗非鱼生长速度快、规格大、产量高、味道鲜美、没有土腥味。江苏南通养殖企业采用池塘流水槽循环水养殖技术模式，开展水槽区养殖罗非鱼，净化区养殖三疣梭子蟹、脊尾白虾试验取得成功。

2. 陆基圆形池循环水养殖模式

陆基圆形池养殖罗非鱼是在大棚中利用圆池养鱼的一种新型高效水产养殖模式。该模式在陆地上建设圆形养殖池，通过配套增氧机、尾水处理池和进排水系统，可实现高密度养殖、养殖用水循环使用，达到零排放或达标排放的目标。根据效果评价，每立方米水体罗非鱼产量可达 50～75 千克，是鱼塘产量数倍以上，且养殖效率大大提升，全年可以循环养殖。陆基圆形池循环水养殖模式的应用能显著提高罗非鱼的生长速度、降低发病率和饲料系数，有效提高养殖产量和效益，是一种健康高效的养殖模式。

3. 集装箱养殖模式

集装箱养殖模式是一种利用集装箱进行标准化、模块化、工业化循环水养殖的新兴模式。该模式采用按标准定制的集装箱为载体，设有物理过滤、生物净化、消毒、增氧、水质监测、粪便发酵和吸污、鱼菜共生及智能监控等系统。集装箱安装在池塘岸边，视池塘大小决定安装个数，集装箱箱体体积一般 30～50 米^3，养殖水体一般 25～40 米^3。池塘主要用于养殖水体的调节处理，与集装箱形成循环系统，池塘中的水体经处理后抽回集装箱内进行流水养鱼，集装箱内的残饵粪便通过收集、发酵用于鱼菜共生，从而实现尾水零排放。养殖生产时将罗非鱼集中在箱内，运用高新技术将水质测控、粪便收集、水体净化、增氧、鱼菜共生和智慧渔业等功能模块进行整合，实现受控式集约化、智能化养殖。与传统的池塘养殖对比，该模式具有养殖产量高、环境污染小、病害可控、抗自然灾害、集约化、工厂化等优点。

4. 稻渔综合种养技术模式

稻渔综合种养技术模式是一种"一水两用、一田多收、生态循环、高效节能"的农业可持续发展模式。罗非鱼稻渔综合种养是指利用稻田水面进行罗非鱼养殖的生态种养模式。池塘工程不超过稻田面积 10%，水稻种植穴数不减、产量不降。稻渔综合种养充分利用动植物间资源互补利用的生态学机理，采用稻鱼共生、稻鱼轮作的方式进行。在新型稻渔综合种养技术模式中，罗非鱼养殖主要是"稻＋罗非鱼＋鳖"模式，该模式具有明显的生态效益、经济效益、社会效益，既实现了农民增收，又保障了食品安全。

（三）罗非鱼养殖标准化情况

经过多年的推广宣传及项目申报、补贴发放等政策引导，罗非鱼产业整体标准化意识有所提高，主要分科研推广体系和企业两个层面。

科研推广体系方面编制出台了罗非鱼制种技术、苗种繁育技术、养殖技术、病害防治技术、链球菌检测技术、养殖场建设规范等标准规范56项。其中，国家标准4项，地方标准29项，行业标准19项，其他标准4项。

企业层面又分苗种标准、养成标准和饲料标准三个方面。苗种标准方面，国家级、省级良种场等规模化罗非鱼苗种生产企业都建有内部家系生产标准、种鱼生产标准、鱼卵孵化标准、鱼苗质量标准、鱼苗运输标准等一系列生产标准，并能严格按照标准进行生产管理和运营。而一些小型苗种企业或者个体户的标准化水平相对较低，制定了管理制度和操作规范，但是在养殖过程中主要凭经验进行"程式化"操作；有些甚至没有相应的制度规范，苗种培育者在生产过程中随意性较大。

养成标准方面，规模化养殖企业一般都具备规范的管理制度和操作规范，并且能够按照制度和规范进行操作。部分企业管理非常到位，进行标准化生产，通过参与国际认可的养殖认证（如BAP），带动标准化生产；同时，通过"公司＋基地＋标准化"生产经营模式，采取统一供应种苗、统一供应养殖投入品、统一技术指导、统一组织生产、统一质量检测、统一捕获加工的"六统一"模式，带动养殖农户进行标准化生产。中小养殖企业制定了管理制度和操作规范，但是由于各种原因没有与生产实际结合起来，执行起来大打折扣。小、散养殖户基本是采用粗放式、经验式操作，标准化程度很低。

罗非鱼饲料产业现行的产品标准为水产行业标准《罗非鱼配合饲料》（SC/T 1025—2004）。罗非鱼饲料产业标准体系还包括与饲料相关的基础标准、卫生标准、饲料原料标准、饲料有效性与安全性评价标准、饲料添加剂标准以及检测方法标准等，如《饲料卫生标准》（GB 13078—2017）、《饲料标签》（GB 10648—2013）和《渔用配合饲料通用技术要求》（SC/T 1077—2004）等。规模化罗非鱼商品饲料生产厂家标准化生产程度比较高，均执行《罗非鱼配合饲料》（SC/T 1025—2004），并通过 ISO22000 的食品安全管理体系认证，部分企业通过 BAP 体系认证。

还有部分地区制定了区域行业标准。为更好地做好"茂名罗非鱼"区域公共品牌推介工作，提升养殖罗非鱼的质量和价值，做到标准统一，实行不同级不同价的市场策略，茂名市罗非鱼协会于2018 年初与中国水产科学研究院珠江水产研究所合作，按照《团体标准管理规定（试行)》要求，共同起草编制了《区域公用品牌"茂名罗非鱼"养殖产品分级标准》，并于 9 月 25 日通过了专家评审。该标准规定了罗非鱼养殖条件，苗种质量，饲料与投喂，养殖产品质量安全，成鱼规格、外观、品味以及养殖档案管理等方面的规范和要求。为提升罗非鱼养殖产品质量、推动"茂名罗非鱼"区域公用品牌建设、促进茂名市罗非鱼产业的健康可持续发展提供有力保障。

第二节 加州鲈主导养殖模式

加州鲈养殖原来主要两种方式：一是池塘养殖，二是网箱养殖。受环境约束影响，网箱养殖受到严格控制。目前加州鲈主要是池塘养殖，而且以单养为主，套养、混养为辅。

1. 池塘主养

加州鲈是以池塘单养为主，池塘面积以 5～10 亩为宜，池底淤泥少，壤土底质，水深 1.5～2.2 米，要求水源充足，水质清新、无污染，进排水方便。由于大部分是高密度养殖，都需要配备增氧机（4～5 亩/千瓦）和抽水机械，注、排水口设置密网过滤和防逃，若经常有微流水则养殖效果更佳。鱼种放养前 20～30 天排干池水，充分曝晒池底；然后注水 6～8 厘米，用生石灰全池泼洒消毒，再灌水 60～80 厘米，培养水质；5～7 天后，经放鱼试水证明清塘药物毒性消失后，方可放养 10 厘米左右规格的加州鲈鱼种。放养密度依据不同养殖地区而不同，广东地区的亩放养密度为5 000～9 000 尾，同时适量放养大规格鲢、鳙等，以清除饲料残渣,控制浮游生物生长,调节水质。

2. 池塘套养

套养加州鲈池塘的面积宜大勿小,过小溶解氧变化大,易缺氧死鱼。应选择水质清瘦、小杂鱼多、施肥量不大、排灌方便、面积3.5亩以上的池塘进行套养。套养池中不能有乌鳢、鳜等凶猛鱼类存在,以免影响加州鲈成活率。套养时间为每年4月中旬至5月中旬,投放规格最好为当年5～6厘米的夏花鱼种。一般每亩放养50～80尾,不用另投饲料,年底可收获25～40千克加州鲈成鱼。如池塘条件适宜,野杂鱼较多,加州鲈套养密度可适当加大。注意:套养初期塘内的草鱼、鲢、鳙、鲤、鳊等主养鱼的规格应在150克以上,鲫、罗非鱼规格应在10厘米以上;整个饲养过程当天然饵料不足时,可适当投喂一些动物性饲料,如鲜活鱼虾。

3. 鱼塘混养

加州鲈可与四大家鱼、罗非鱼、胭脂鱼、黄颡鱼、鲫等成鱼进行混养。与一般家鱼相比,加州鲈要求水体中有较高溶解氧,一般要求4毫克/升以上,因此池塘面积宜大些,另外也可选水质清瘦、野杂鱼多的鱼塘进行混养,而大量施肥投饲的池塘则不合适。混养鲈的池塘,每年都应该清塘,防止凶猛性鱼类存在而影响鲈存活率。增养适当数量的加州鲈,既可以清除鱼塘中野杂鱼虾、水生昆虫、底栖生物等,减少它们对放养品种的影响,又可以增加养殖鲈的收入,提高鱼塘的经济效益。混养密度视池塘条件而定,如条件适宜、野杂鱼多,加州鲈的混养密度可适当高些,但不要同时混养乌鳢、鳗鲡等肉食性鱼类。一般可放5～10厘米的加州鲈鱼种200～300尾/亩,不用另投饲料,年底可收获达上市规格的加州鲈。另外,苗种塘或套养鱼种的塘不宜混养加州鲈,以免伤害小鱼种。混养时必须注意:混养初期,主养品种规格要大于鲈规格的3倍以上。

4. 网箱养殖

养殖加州鲈水域宜选择便于管理、无污染的水库、河流或湖泊,要求设置网箱的水域应保证水面开阔、背风向阳,底质为砂石，最低水位为 4 米，水体透明度在 40 厘米以上。水体有微流水最为适宜。网箱一般采用聚乙烯线编织而成，体积一般为 40～75 米³，具体规格依据养殖条件而定。网箱结构为敞口框架浮动式，箱架可用毛竹或钢管制成。网箱排列方向与水流方向垂直，呈"品"字形或梅花形等，排与排、箱与箱之间可设过道。网箱采用抛锚及用绳索拉到岸上固定，可以随时移动。鱼种放养前 7～10 天将新网箱入水布设，让箱体附生一些丝状藻类等，以避免放养后擦伤鱼体。适宜放养密度如下：规格在 4～5 厘米，每平方米放养 500 尾；12 厘米以上的鱼种，每平方米放养 100～150 尾。对放养的鱼种可进行药浴消毒处理，以防鱼病。消毒可用 3% 食盐水或每 100 千克水中加 1.5 克漂白粉浸浴，浸浴时间视鱼体忍受程度而定，一般为 5～20 分钟。放养前要检查网箱是否有破损，以防逃鱼。饲养管理与一般网箱养鱼基本相同。主要抓好以下几点：

（1）勤投喂　鱼体较小时，每天可视具体情况多投几次，随着鱼体的长大，逐渐减至 1～2 次；投饲量视具体情况而定，一般网箱养鱼比池养的投饲量稍多一些。

（2）勤洗箱　网箱养鱼非常容易着生藻类或其他附生物，堵塞网眼，影响水体交换，引起鱼类缺氧窒息，故要常洗刷，保证水流畅通，一般每 10 天洗箱 1 次。

（3）勤分箱　养殖一段时间后，鱼的个体大小参差不齐，个体小的抢不到食，会影响生长，且加州鲈生性凶残，放养密度大时，若投饲不足，就会互相捕食。所以，要及时分箱疏养，保证同一规格的鱼种同箱放养，避免大鱼欺小鱼或吃小鱼的现象发生。

（4）勤巡箱　经常检查网箱的破损情况，以防逃鱼。做好防洪防台风工作，在台风期到来之前将网箱转移到能避风的安全地带，并加固锚绳及钢索。

第三节　鳗鲡主导养殖模式

鳗鲡早先采用水泥精养池配合钢架大棚养殖模式，经过科技人员和广大鳗农数十年的探索，养殖技术不断创新，设施不断完善。各地因地制宜创造了适合当地条件的养殖新方法，养殖模式呈现多样化。从养殖方式上划分，有传统水泥池精养、土池养殖、地膜高位池养殖和少数工厂化循环水养殖等模式，以及近年出现的双循环健康养鳗及内循环养鳗模式。从水源利用上划分，有地表水养殖、地下水养殖、地表渗透水养殖、水库网箱养殖和半咸水池塘养殖等。

1. 水泥池精养殖模式

福建省鳗鲡养殖主要采用水泥池精养模式，主养品种为美洲鳗鲡、欧洲鳗鲡和日本鳗鲡。养鳗场面积多为 10～30 亩，黑仔池多为 250～300 米²/口，成鳗池为 400～500 米²/口，水深 0.8～1 米，池子多为四边带切角的正方形。池子上方加盖保温遮阴钢架大棚，排污口设在池的正中央，以排污板覆盖。水温保持在 18～25℃，日换水量较大。投苗密度视规格而定，如规格在 300～500 尾/千克的日本鳗，每平方米放 350～400 尾，美洲鳗和欧洲鳗每平方米放苗 250～300 尾。养殖周期为 2 年左右，每吨成鳗需要投入的费用约 6 万元。

该模式的特点是占地面积小、养殖密度大，冬季鳗摄食情况优于土池模式，但每日排换水量大，占养殖水体的 40%～50%，多年以来的传统做法是养殖尾水通常未经处理就直接排放。而今，随着国家对于生态环境保护的重视，特别是对水环境和水资源的日趋重视，不少鳗企在养殖后端增设了尾水处理池，处理面积与养殖面积相当，通过化学法和生物法进行尾水处理后再排放。

2. 土池生态养殖模式

土池养鳗是广东省主要的养鳗模式，主要分布在台山、中山及顺德一带，采用连片规模化生产、养殖密度较低的生态养殖方式，由于成活率的问题，养殖品种基本为日本鳗鲡；而福建省的土池养鳗模式大致与广东省相当，由于多数是与水泥池精养模式配套使用，投苗规格上更大一些，养殖品种主要为美洲鳗鲡和一部分日本鳗鲡。

该模式的特点是养殖密度小、养殖成本较低、养殖周期短且成本回收快。通常挑选排灌方便的土池，福建省土池养鳗模式面积5~10亩，广东省10~15亩，水深均为2米左右，投苗前先对池埂进行加高加固，疏通排灌渠道，确保池塘不渗漏水，并用生石灰等清塘，投苗规格为黑仔或幼鳗，投苗密度视鳗苗规格而定，每亩4 000~10 000尾，经历几次分塘，收获时亩产量1.5~2.5吨。由于土池中的鳗生长旺盛，养殖6个月即可达到最小上市规格（每尾200克左右），经6~9个月大多可上市。

3. 双循环健康养鳗技术模式

双循环健康养鳗技术模式是在福建省涌现的新型绿色养鳗模式，在水泥池精养模式基础上进行改造升级。该模式属福建省水产技术推广总站2013年获授权的发明专利"双循环零排放的健康养殖系统"，分为内循环养鳗模式和外循环尾水处理模式两个既相对独立又能互相组合的部分。其中，内循环养鳗模式由于建设成本企业可接受且效益显著，目前已在龙岩、南平、三明、漳州等地鳗场示范推广面积超60万m^2，并获得了十余项专利授权。

该模式首先在每口养鳗池中增设"渔污池"，养鳗池的面积250 m^2/口，渔污池占养殖面积的5%左右，将鳗粪便等固形物在渔污池中浓缩，并适时排入外循环进行处理；而后在外循环中，利用物理法去除粪便等固形物，生物处理法去除细微颗粒或溶解的氮磷，从而实现养鳗尾水的回收利用或达标排放。

通过福建省多个养鳗场的示范推广证明，该模式主要具备以下优点：一是通过巧妙的结构设计将鳗场的日排水量减少了50%左右，既节约了水资源和生产成本，又减轻了后端尾水处理的压力，如漳平市珲源水产养殖有限公司的应用示范中节煤55%、节电40%、节水50%。二是通过改善养鳗水环境，有助于减少鳗鲡病害的发生，使养殖过程中的用药减少50%以上，进一步节约生产成本。三是让鳗鲡在健康的环境中生长，使鳗鲡的日增重提高50%以上，可缩短养鳗周期半年左右。四是建设或改造成本在企业可接受范围内，如新建鳗池的成本为5 000元/口，改造鳗池的成本约为 1 万元/口，且通过节水、节能、节药和提高日增重后，能使企业在约两年时间收回该模式的建造成本。

4. 循环水工厂化养殖模式

循环水工厂化养鳗模式是在半封闭或全封闭的条件下进行养殖，主要包括水处理系统、充气增氧系统、控温系统、供电系统、监控系统和养殖车间系统。一般采用 30～80 米^2 的小面积养殖池，水深保持在 70～100 厘米；对养殖生产过程的水质、水温、排污、尾水处理与循环利用等方面实行工厂化管理，达到高密度养殖。该模式高产、高效、节水、环保，但造价、运行费用较高，采用该模式的养殖户和企业较少。

CHAPTER 4

第四章
关键养殖技术

第一节　罗非鱼关键养殖技术

（一）种业技术与情况

（1）国家级良种场　目前全国共有国家级罗非鱼良种场6家，分别为山东青岛罗非鱼良种场、广东罗非鱼良种场、山东济南罗非鱼良种场、河北中捷罗非鱼良种场、广西南宁罗非鱼良种场和广东茂名罗非鱼良种场（广东茂名伟业罗非鱼良种场）。

（2）罗非鱼新品种　目前通过审定的罗非鱼新品种共有14个，其中杂交种有奥尼罗非鱼、福寿鱼、"吉丽"罗非鱼、吉奥罗非鱼、莫荷罗非鱼"广福1号"，选育种有"新吉富"罗非鱼、"夏奥1号"奥利亚罗非鱼、吉富罗非鱼"中威1号"、罗非鱼"壮罗1号"，引进种有尼罗罗非鱼、奥利亚罗非鱼、吉富品系尼罗罗非鱼，其他种有尼罗罗非鱼"鹭雄1号"、罗非鱼"粤闽1号"。

（3）苗种繁育　选择体质好、无伤病、性腺发育良好的亲鱼，按雌雄比3∶1或5∶2放入繁殖池塘，水温稳定在20℃以上，水深不低于1.5米。雄鱼造窝时可降低水位至1米左右。繁殖季节，亲鱼自然配对繁殖，发现有成群鱼苗出现时就要开始捕捞。一般第一批鱼苗规格整齐，质量好。鱼苗培育时密度保持在每亩 4 万～5 万尾，每天投喂 2 次，前期沿池边泼洒豆浆，后期全池投喂水蚤或饲料。

（二）池塘养成技术

罗非鱼养殖模式主要有池塘养殖和网箱养殖，目前以池塘养殖模式为主。

（1）池塘条件　养殖池塘宜选在水源充足、水质清新、避风向阳、噪声污染小、交通便利的地方，进排水系统独立，单注单排，进水口处应加过滤网，避免敌害生物或野杂鱼等进入鱼池。水深保持在 2.5～3 米，池塘底泥厚度保持在 10～20 厘米。每 5 亩配备 1 台 2.2 千瓦的叶轮式增氧机。

（2）鱼种放养　每次放养前要按顺序进行清淤泥、晒塘、塘底进水、塘底消毒、二次进水、水体消毒、打底抑菌、培藻等流程。放养的鱼种体长一般在 15 厘米左右，体重 100 克以上。放养鱼种应选用体质强壮、规格整齐的优质品种，以全雄罗非鱼种为佳。放鱼水温必须在 17℃以上，同时要错开寒潮时期。

（3）及时换水　养殖过程中应经常换水，保证溶解氧不小于 3 毫克/升。鱼种下塘前期，应逐步加换新水，换水不宜太多，通常每 15 天左右加换新水 15～20 厘米；养殖中后期，特别是天气炎热时应在每 15 天加换新水 15～20 厘米的基础上，加深水位至 3～4 米。5—10 月是罗非鱼最佳生长季节，同时也是最易感染病害的时期，当遭遇持续高温天气时，应适当增加换水次数。养殖时应合理施肥，促进养殖水体浮游生物繁殖，培育良好水质。

（4）科学投喂　罗非鱼入池后 2～3 天便可开始投喂。投喂坚持定质、定量、定时、定点投喂原则，每天上午 9 时左右和下午 2 时左右分别投喂一次。初期饲料粗蛋白含量保持在 30%～32%，每天投喂量为鱼体总重量的 3%～5%；当鱼体达到 200 克以上时，饲料粗蛋白质含量应降至 26%～29%，每天投喂量为鱼体总重的 1.5%～2%。投喂量还应根据天气、水质及摄食情况进行调整，天气晴好、水质清新、摄食旺盛时应适当多投，反之则应少投或不投，鱼浮头时应停止投喂。

（5）整放整出 应保持合理的放养密度，一般每亩鱼池可投放罗非鱼苗种 2 200～3 000 尾。放苗时可搭配适量的混养适宜品种，如鲢、鳙、草鱼和鳊等，实现互利共生，提高养殖效益。混养鲢、鳙时，一般控制密度约 30 尾/亩，以较好地控制水质。应保证整放整出，一次放苗，开塘捕捞应整塘捕捞完。

（三）病害防控技术

罗非鱼病害防控应坚持防重于治、防治结合原则，提倡生态综合防治和使用生物制剂、中草药对病虫害进行防治。

（1）清塘和消毒 冬季彻底曝晒池塘，改变池底环境，消灭病原体。鱼种放养前可用 4%～5% 食盐水浸洗 10～15 分钟。5—9 月是鱼病多发季节，每隔半月可用漂白粉 1 克/米^3 或生石灰 20 千克/亩化水全池泼洒。

（2）科学预防 养殖过程中，定期在饲料中拌免疫增强剂和内服国标驱虫渔药，提高罗非鱼的抗病能力和预防寄生虫感染。适时使用大蒜素、中草药及光合细菌等，提高罗非鱼的免疫水平，减少病害的发生。

（3）科学治疗 发生病害后应及时联系专业人员采样检测，避免错诊、误诊、漏诊现象发生；依据实验室检测和药敏试验结果采用敏感药物对症下药，杜绝滥用、乱用药物现象，提高疗效、减少损失。

（4）建立隔离制度 种苗引进前应在隔离区进行暂养观察及检疫，确定没有携带病原后方可入场。对已发病的池塘和地区要及时封闭，采取严格的隔离措施，及时联系专业人员对发病死亡罗非鱼掩埋或销毁。

（四）水质调控技术

良好的水质是高效健康养殖的基础，养殖过程中应保持池水"肥、活、嫩、爽"，水色为褐绿色或嫩绿色。

（1）使用清洁水源 水源应保持稳定充足、清洁无污染、符合国家相关水质标准，同时应通过水车、增氧机等设备对池水进行活化处理，避免形成死水。定期注水、排水，保证池塘内水体活性。

（2）加强水质监测 鱼种投放前和投放后每隔 20 天左右测量池水的透明度、pH、溶解氧、氨氮、亚硝酸盐、硫化氢、总硬度等水质指标。实时掌握水质状况，通过微生态制剂等生态方式及时进行调控。

（3）做好水质管理 视天气、水温、摄食情况，适时启闭增氧机，每天天亮前和晴天中午时应启动增氧机 1～2 小时。气压低或有鱼浮头时要及时开机增氧。养殖的中后期，每 30 天泼洒生石灰10～15 千克/亩，使池水 pH 保持在 7.5～8.0，透明度保持在 25～30 厘米。如果水质变坏（水色变浓、变黑甚至发臭）应尽快换水，直到水质变好。

（五）配套机械化新技术

传统罗非鱼养殖技术模式一般配备增氧机、投饵机、水泵、捕捞吊网等简单的机械化或者半机械化工具，少数养殖场配有水质在线监测设备以及视频监控系统。随着渔业高质量发展和渔业现代化建设的要求，需要不断提升罗非鱼养殖的机械化、智能化、精准化水平。目前，国内罗非鱼养殖智能化、精准化水平较低，尚处于探索发展阶段，其中罗非鱼养殖大省海南省、广东省在此方面有试验示范。

（1）海南省实例 2019 年，海南省罗非鱼品牌建设促进会和海南智渔可持续科技发展研究中心共同开展了智能水产设施试用推广项目。系统主要集成地理信息系统、养殖场信息、水质监测信息、尾水监测信息、视频监控数据、异常预警和投入品监测等信息，将管理者重点关注的养殖核心要素集中到一张图上，实现渔业数据的有效整合，助力科学决策。未来计划建设罗非鱼养殖场可视化平台，主要用于整合不同功能模块，实现不同功能模块的集中管理和统一展示。

（2）广东省实例 广东省近年来大力推动农业信息化建设，将5G 通信网络、云计算、大数据以及智慧农业前沿技术融合应用于农业养殖以及农产品精准溯源等方面，从生产过程的信息感知、精准管理和智能控制三方面切入，提高农业生产的精细化、高效化及可持续发展。2020 年，5G 等新技术在罗非鱼养殖中得以应用，打破了传统渔业依靠经验判断的管理方式，实现了罗非鱼养殖水体温度、水质 EC 值、水质溶氧量等几种水质环境数据全程监测、预报预警和相关渔业机械应答反应，初步实现养殖问题及时发现、养殖病害预防预报、养殖过程精细管理和可追溯。

第二节　加州鲈关键养殖技术

（一）亲本和苗种培育

1. 亲鱼培育

选择面积为 2～3 亩的池塘作为亲鱼池，要求水深达 1.5 米以上，水源充足，水质良好，进排水方便，通风透光。鱼池选好后，要清塘消毒，注入新水。在广东地区养殖的加州鲈在 1 年左右性成熟，因而在大多数情况下年底收获成鱼时，挑选个体大、体质健壮和无伤病的加州鲈作为预备亲鱼，选好后放入亲鱼池进行强化培育。广东地区也有选用 2 龄的加州鲈作为早繁亲鱼，在气温较低的 1—2 月进行人工催产繁殖，尽早获得鱼苗，提前成鱼的上市时间。亲鱼都采用专塘培育，每亩放养 600～1 200 尾，用冰鲜鱼或配合饲料投喂，每天投喂一至两次，另外可适当混养少量的鲢、鳙，用于调节水质。产卵前一个月应适当减少投饵料，并每隔 2～3 天冲水 1～2 小时，促进亲鱼性腺发育成熟，必要时还要打开增氧机增氧。

2. 雌雄鉴别

生殖季节，雌鱼体色淡白，卵巢轮廓明显，前腹部膨大柔软，上下腹大小匀称，有弹性；尿殖乳头稍凸，产卵期呈红润状，上有两个孔，前后分别为输卵管和输尿管开口。雄鱼体型稍长，腹部不大，尿殖乳头凹陷，只有一个孔，较为成熟的雄鱼轻压腹部便有乳白色精液流出。

3. 产卵池的准备

产卵池可分为两种：一种为水泥池，通常要求面积为 10 米² 以上，水深 40 厘米左右，池壁四周每隔 1.5 米设置一个产卵巢（用网纱或棕榈皮等材料制作），亲鱼密度为每 2～3 米² 放入亲鱼 1 组；另一种为池塘，面积宜为 2～4 亩，水深 0.5～1.0 米，池边有一定的斜坡。池水透明度 25～30 厘米，溶解氧量充足，最好在 5 毫克/升以上。每亩可放亲鱼尾数为 250～300 对。产卵巢可直接铺放在浅水区或用竹子悬挂使其保持在约 0.4 米的水深处。产卵池放入亲鱼之前需用药物彻底清塘除害。

4. 人工催产

加州鲈繁殖通常是群体自然产卵，但为达到同步产卵，一般对采用水泥池产卵的亲鱼使用人工催产，但也可采用人工催产使池塘培育的亲鱼提早产卵，尽早获得加州鲈鱼苗。通常在春季水温达 18～20℃时进行催产。催产时，挑选雌雄个体大小相当者配对，比率为 1∶1。常用催产剂为鲤脑垂体（PG）和绒毛膜促性腺激素（HCG），单独或混合使用。每 1 千克雌鱼单独注射 PG 6 毫克或 HCG 2000 国际单位，雄鱼则减半。视亲鱼的发育程度一次性注射或分两次注射，两次注射的时间间隔为 9～12 小时，第一次注射量为总量的 30%，第二次注射余量。使用合剂时，第一次注射 PG 1～1.5 毫克，第二次注射 PG 2～2.5 毫克和 HCG 1500 国际单位，均可获得良好效果。雄鱼性成熟状态对雌鱼产卵有明显影响，繁殖时需挑选精液充沛、体壮活泼的雄鱼，必要时在雌鱼第二次注射时对雄鱼作适量注射。

5. 产卵孵化

加州鲈的催产效应时间较长，当水温为 22～26℃时，注射激素后 18～30 小时开始发情产卵。开始时雄鱼不断用头部顶撞雌鱼腹部，当发情到达高潮时，雌雄鱼腹部相互紧贴，开始产卵受精。产过卵的雌鱼在附近静止片刻，雄鱼再次游近雌鱼，几经刺激，雌鱼又可发情产卵。加州鲈为多次产卵类型，在一个产卵池中，可连续数天见到亲鱼产卵。在自然水域中，加州鲈繁殖有营巢护幼习性，雄鱼首先在水底较浅处挖成一个直径为 60～90 厘米、深为 3～5 厘米的巢，然后引诱雌鱼入巢产卵，同时排精。雌鱼产卵后便离开巢穴觅食，雄鱼则留在巢边守护受精卵，不让其他鱼接近。加州鲈受精卵为球形，淡黄色，内有金黄色油球，卵径为 1.3～1.5 毫米，卵产入水中卵膜迅速吸水膨胀，呈黏性，黏附在鱼巢上。受精卵一般在水泥池中进行孵化，这样也更有利于孵出的仔鱼规格齐整，避免相互捕食。孵化时要保持水质良好，水深 0.4～0.6 米，避免阳光照晒，有微流水或有增氧设备的能大大提高孵化率。在原池孵化培育的应将亲鱼全部捕出，以免其吞食鱼卵和鱼苗。孵化时间与水温高低有关。水温 17～19℃时，孵化出膜需 52 小时；水温 18～21℃时需 45 小时；水温 22～22.5℃时，则只需 31.5 小时。刚出膜的鱼苗半透明，长约 0.7 厘米，集群游动，出膜后第 3 天，卵黄被吸收完，就开始摄食。

6. 鱼苗培育

目前加州鲈的苗种培育可分为水泥池和池塘两种方式：

（1）水泥池育苗 水泥池大小 20～30 米² 为宜，池壁光滑。放苗前应先清洗池子，并检查有无漏洞，如果发现有漏水现象，要及时进行修补。水深 20～25 厘米，以后每天加注少量新水，逐渐加至 50～70 厘米。水泥池培苗放养密度为每平方米放养刚孵出的幼鱼 2 000 尾左右。初期应投喂小型的浮游动物，如轮虫、桡足类无节幼体，每天投喂 2～3 次，投喂量视幼鱼的摄食情况而增减。当鱼苗长至 1.5～2.0 厘米时，最好能转入池塘进行培育，且培育密度应适当降低，应投喂大型浮游动物，如枝角类、桡足类、水蚯蚓等。鱼苗长至 2 厘米以上时摄食量增大，可开始驯食鱼浆或人工饲料。

（2）池塘育苗 池塘水深 1～1.8 米，水源充足，水质好，不受污染，面积以 1～3 亩较为理想。鱼苗下塘前约 10 天用生石灰或茶粕清塘，消毒后的塘进水 50～70 厘米，适当施肥，培肥水质，增加浮游生物量，透明度保持在 25～30 厘米，水色以绿豆青为好。每亩放养密度为 15 万～30 万尾，具体视鱼塘的肥瘦程度而定。鱼苗下塘后，以水中的浮游生物为食，因此必须保持池水一定的肥度，提供足够的浮游生物。若浮游生物量少，饵料不够时，鱼苗会沿塘边游走，此时需捞取浮游生物来投喂。待鱼苗体长至1.5～2厘米时，开始转入驯化阶段，使其摄食鱼糜或人工饲料，以后逐渐过渡到冰鲜鱼碎或人工饲料。

（3）鱼苗驯化　加州鲈的开口饵料是肥水培育的浮游生物，水泥池培苗当下大多用丰年虫，一般需要用来喂养7～15天，等鱼苗长至1.5厘米以上时可开始驯化投喂鱼浆或人工饲料，刚开始2～3天在固定地点投喂水蚤，使鱼苗形成固定的摄食地点，接下来10天左右投喂鱼浆（或饲料）与水蚤混合的饵料，投喂过程中慢慢减少水蚤量，然后就直接投喂鱼浆。每次投喂前拨动水面，吸引小鱼前来摄食，并让其形成条件反射，每天驯化时间需达6～8小时。由于加州鲈是肉食性鱼类，一旦生长不齐，就出现严重的相互捕食，特别是高密度的池塘育苗，在6厘米之前，互相捕食最严重，应根据鱼苗的生长情况（一般培育15～20天）用鱼筛进行分级，分开饲养，有利于提高鱼苗的成活率。

（4）培苗期的管理

①鱼苗饲养过程中分期向鱼塘注水是提高鱼苗生长率和成活率的有效措施。一般每5～7天注水一次，每次注水10厘米左右，直到较理想水位，以后再根据天气和水质，适当更换部分池水。注水时在注水口用密网过滤野杂鱼和害虫，同时要避免水流直接冲入池底把池水搅浑。

②加州鲈弱肉强食、自相捕食的情况比较严重，生长过程又易出现个体大小分化，当饵料不足时，更易出现大鱼食小鱼的情况，因此要做到以下几点：一是同塘放养的鱼苗应是同一批次孵化的鱼苗，以保证鱼苗规格比较整齐；二是培苗过程中应及时拉网分筛、分级饲养，特别是南方地区，放苗密度高，需要过筛的次数也多；三是定时、定量投喂，保障供给足够的饵料，以保证全部鱼苗均能食饱，使鱼苗个体生长均匀，减少自相捕食，提高成活率。

③坚持在黎明、中午和傍晚巡塘，观察池鱼活动情况和水色、

水质变化情况，发现问题及时采取措施。

7. 鱼种培育

鱼苗长至 3～4 厘米的夏花规格后可开始转入鱼种培育阶段。池塘面积适宜为 2～5 亩，水深 1～1.5 米，排灌方便，溶氧充足。清塘消毒后每亩水面放 3 厘米左右夏花鱼种 3 万～4 万尾；鱼苗长至 5 厘米时，放养密度适宜为 1.2 万尾/亩；而 10 厘米左右的鱼种放养密度适宜为 5 000～6 000 尾/亩。因此，在过筛分级培育同时，依据大小不同规格来稀疏养殖密度。实践证明，分规格过筛稀疏养殖密度的培育方法是提高鲈鱼种成活率的重要措施。广东地区主要投喂冰鲜鱼浆或人工饲料，日投喂 2～3 次，投饲率为 4%～6%。为使鱼种生长相对均匀，科学的投喂方式特别关键：一方面最好在鱼塘中分几个地方投喂，这样使投喂饵料被充分摄食；另一方面应尽量延长投喂时间，能让每一尾鱼都能吃到饵料，并且能够吃饱，否则投喂太快，冰鲜鱼沉落底部不会被加州鲈摄食，不仅浪费饲料，还败坏水质。经过 50 天左右的培育，鱼种规格可达到 10 厘米以上，再转入成鱼池塘中饲养。

（二）科学投喂

1. 投喂配合饲料

加州鲈是肉食性鱼类，需经驯化才能使其摄食配合饲料，而且加州鲈对蛋白质要求较高，饲料中含粗蛋白需达到 40%～50%。鱼苗驯化阶段刚开始用鱼浆或饲料投喂，当鱼苗全部都抢食后，便可在鱼浆内添加饲料粉料，并逐步增大添加量，一般第 7 天左右粉料可添加至 60%～70%，这时改粉料为硬颗粒饲料，同样逐步增加添加量，一般再经 7～10 天就可全部改为硬颗粒饲料。这时应注意及时将瘦小的鱼筛出，再次进行驯化，强壮的鱼苗继续进行 7 天左右的摄食巩固后转入池塘或网箱中进行养殖。根据鱼的大小选择饲料规格，每日分早、中、晚 3 次投喂，投喂遵循"慢、快、慢"的原则，投喂至大部分鱼不上水面抢食时为宜。由于鲈有回避强光的特点，一般早晚吃食较好，在安排定量时这两次应适量多些。

2. 投喂冰鲜下杂鱼

目前还有用冰鲜鱼来投喂加州鲈，因此刚放入的鱼种需进行7~10天的驯化：将饵料鱼剪成适口的鱼块，自高处抛入水中，引诱加州鲈吞食。加州鲈一般会抢吃抛来的鱼块，投鱼块时，要相对固定投喂的地点，范围要大一些，以便让更多的加州鲈抢到食，使之生长均衡。若以重量计，一般日投喂量为其总体重的4%~6%。每天喂两次，即上午9~10时一次，下午3~4时一次。放养初期，加州鲈因个体较小，摄食能力不强，投喂的饵料鱼要精细适口，少量多次。后期加州鲈个体大，鱼块可投大一些，数量适当多一些，使其吃饱吃好，加快生长。5—9月为发病季节，往往要在冰鲜饲料中定期加入维生素或其他辅助中药来投喂，增强鱼体体质和抵抗力。另外，要注意冰鲜鱼经强冻解冻后立即投喂，防止变质。

（三）日常管理

1. 水质管理

加州鲈要求水质清新、溶氧丰富，因此整个养殖过程中，水质不宜过肥。特别是夏秋季，由于投喂大量饵料，极易引起水质恶化，一定要坚持定期换水，注入新水，使水的透明度保持在40厘米左右，为加州鲈鱼生长提供一个良好的环境。每5亩池塘水面安置1台3千瓦的水车式增氧机，通常在晴天中午开启1~2小时，遇到天气异常等特殊状况时适当增加开机时间。开动增氧机的目的除了增氧、曝气和搅水外，主要是让池水在池塘内充分循环。

2. 创造良好环境

加州鲈喜欢清洁安静的环境，要求池周环境清静，减少车辆、行人噪声的惊吓；同时，要及时清除残饵，吃剩的饵料鱼块、配合饵料、塘边杂草及水面垃圾要及时清除。

3. 坚持每天日夜巡塘

观察鱼群活动和水质变化情况，定期检测水质理化指标（氨氮、亚硝酸盐、溶解氧、pH、透明度、水温等）和鱼体生长情况（体长、体重和成活率）。

4. 严防污染

严格防止农药、有害物质等流入池中，以免池鱼死亡，尤其是幼鱼对农药极为敏感，极少剂量即可造成全池鱼苗死亡，必须十分注意。

（四）病害防治

加州鲈在引进的初期病害很少，但随着养殖密度的增加和养殖环境的改变病害也渐渐多了起来。对于病害应以预防为主，治疗为辅，做好苗种消毒、饲养管理和水质调节工作。每隔 10～15 天全池泼洒生石灰水一次，生石灰用量为每亩 10～15 千克，一方面可防治鱼病，另一方面可调节水质，改善水体；或可用微生物制剂调节水质。目前常见的鱼病有：烂鳃病、溃疡病、肠炎病、疖疮病、车轮虫病、斜管虫病、小瓜虫病、杯体虫病等病害，一旦发现病鱼及时诊断对症下药。

1. 细菌性疾病

（1）烂鳃病

病症：病鱼离群独游水面或池边，反应迟钝，食欲减退或拒食，呼吸困难，体色变黑，鳃瓣腐烂发白、黏液分泌增多并附着许多污泥，严重时鳃小片崩溃、坏死。

防治方法：每立方水体用漂白粉 1 克或二氧化氯 0.3 克全池泼洒，也可用生石灰消毒。

（2）细菌性溃疡病

病症：①吻端表皮糜烂（以下颌最为严重）、充血发炎，自吻端至眼球处发白，严重时表皮脱落，有时于糜烂处可见淡黄色附着物。②体表腐烂，发病初期体表出现红斑，随病情发展，出现鳞片脱落、肌肉腐烂的现象，病灶呈椭圆形或圆形，严重时露出骨骼。冬春季较常见，但也有在 4—6 月出现，常引起继发性水霉病感染，导致大批死亡。网箱养殖加州鲈发病率比池塘养殖的高。

防治方法：池塘养殖用生石灰彻底清塘，每隔 10～15 天用 20 毫克/升生石灰和 0.3 毫克/升二氧化氯交替进行全池泼洒消毒。在投喂的饲料中添加维生素 C，添加量为饲料鱼重量的 0.1%～0.3%。

（3）肠炎病

病症：病鱼腹部膨大、腹腔积水、肠壁充血，严重时肠呈紫红色，肛门红肿突出；肠内一般无食，充满淡黄色黏液或脓血。四季均可发生，以夏季较为严重。

防治方法：治疗以土霉素拌饵投喂，每 100 千克鱼用药 5～10 克，连续 6 天。同时注意投喂新鲜、不变质的饲料。

（4）疖疮病

病症与病因：由疖疮型点状产气单胞杆菌感染引起。病鱼躯干部皮下肌肉组织溃烂，并隆起红肿，脓疮内充满脓汁和细菌，周围皮肤和肌肉发炎、充血。本病可能与营养不良和池水盐度过高有关。全年均可发生，尤以冬季为甚，主要危害成鱼和亲鱼。

预防方法：用生石灰或漂白粉清塘，鱼种放养前每立方水体用 5 克的漂白粉，或用 2%～3% 的盐水浸洗。

治疗方法：全池泼洒 0.2～0.3 毫克/升二氧化氯或季铵盐络合碘；用强力克菌宁拌饵投喂。

（5）出血病

病症与病因：病原是嗜水气单胞菌，病鱼鳍基和下颌到肛门的腹部发红，特别是胸鳍基部和靠近鳃盖后缘的身体两侧有垂直于身体侧线的出血条纹。有些病鱼还伴有眼眶和肌肉充血。解剖检查，体腔内积有腹水，肠道内空无食物并伴有充血现象。此病多发于 7—8 月高温期间，发病急，传染快，死亡多。

防治方法：①放苗前应彻底清塘消毒，投放鱼种可事先用 3%～5% 的食盐水浸泡消毒；②投喂鱼块注意新鲜，冰冻鱼块一定要彻底解冻，并用 3% 的食盐水消毒后再投喂；③发病鱼池用 0.2～0.3 毫克/升的二氧化氯、三氯异氰脲酸等消毒剂全池泼洒消毒。

（6）水霉病

病症与病因：病原为体表水霉菌，属藻菌类，菌体细长分支。鱼体有外伤时很容易诱发此病。病鱼体表的伤口或鳞片脱落处附着一团团灰白色棉絮状绒毛，食欲不振，虚弱无力，漂浮于水面而最终死亡。此病多发于冬、春两季，鱼卵和各种规格的鱼类均会发病。

防治方法：①对鱼进行操作时要小心，尽量避免鱼体受伤，这样可以有效地减少霉菌的感染；②池塘中有鱼发此病时可用 4 克/米³的食盐和 4 克/米³的小苏打全池泼洒。

（7）打印病

病症与病因：病原为嗜水气单胞菌、温和气单胞菌等革兰氏阴性杆菌。病灶主要发生在背鳍以后的躯干部分及腹部两侧。患病部位先出现近圆形红斑，故名打印病，随后病灶中间的鳞片脱落，坏死的表皮腐烂，露出白色真皮，严重时烂及肌肉，甚至露出骨骼、内脏。

防治方法：进行综合预防，避免鱼体受伤。患病后可外泼含氯消毒药。亲鱼在人工繁殖前后患病时，在病灶处可再涂 1% 高锰酸钾水溶液。

2. 寄生虫类疾病

（1）杯体虫病

症状与病因：由杯体虫寄生引起。鱼体发黑，似缺氧浮头，体表及鳍条有白色絮状物。主要危害 5 厘米以下的苗种。

防治：注意放养密度和水质清新。30 毫升/米³甲醛溶液全池泼洒。

（2）车轮虫病

病症与病因：由车轮虫寄生引起。病鱼体黑而瘦，食欲减退或不摄食，群游于池边。大量寄生时，鳃组织分泌大量黏液，鳃丝发白腐烂，严重时在池边漫游最后死亡。此病 4—5 月最为流行，对鱼苗、鱼种危害较大。该病传播速度快，感染率高，感染强度大，且易发生继发感染。

防治方法：加大换水以改善水质，并以福尔马林药浴；苗种入池前用 3% 食盐水浸洗 3～5 分钟，同时注意放养密度并保持水质清新。

（3）小瓜虫病

病症与病因：该病病原为多子小瓜虫。病鱼鱼体消瘦、发黑、游动缓慢，鳃部、体表皮肤黏液增多，鳃上皮及体表皮肤产生白色的囊泡，镜检可发现大量的小瓜虫。该病在每年 4—5 月和 8—9 月水温 15～25℃时最为流行，对鱼苗、鱼种危害较大。

防治方法：①放苗前用生石灰彻底清塘消毒，掌握合理的放养密度可以减少此病的发生；②以 30～35 毫克/升的福尔马林全池泼洒，或用 4 克/米³的食盐全池泼洒。

（4）累枝虫病

病症与病因：由累枝虫寄生引起。病鱼鱼体消瘦，体色变黑，体表、鳍表面有白色增生性小点，感染部位糜烂和出血。该病一般在 4—5 月最为流行。

治疗方法：①用 0.5 克/米³ 浓度的硫酸铜、硫酸亚铁混合剂（5：2）全池泼洒，连续 2 天，10 多天后可治愈；②也可以以 30～35 毫克/升的福尔马林全池泼洒。

（5）锚头鳋病

病症与病因：由锚头鳋寄生引起。发病鱼体表有针状锚头鳋，其着生部位发炎红肿，呈红色小斑块状，病鱼表现烦躁不安，食欲不振。此病全年均可发生，以春、夏、秋季危害严重，各种规格的鱼均会发病。大个体的鱼类一般死亡率不高，但会使鱼体消瘦。

防治方法：①鱼种放养前用生石灰彻底清塘，杀灭锚头鳋幼虫和成虫；②鱼种放养时以 2%～4%的食盐浸浴 10 分钟左右；③有鱼发病时可以将病鱼捞出隔离，同时每立方米水体用马尾松叶 25 克捣汁进行全池泼洒。

3. 病毒性疾病：新病毒性溃疡病

症状：主要表现为发病初期体表出现红斑状的溃疡病灶，继而体表大片溃烂，裸露肌肉坏死并有出血，尾鳍、胸鳍和背鳍基部红肿溃烂，部分病鱼体色变黑，眼有白内障，或伴有心腔血块聚积，鳃动脉扩张淤血，鳃丝和肝脏发白，但肝、脾和肾均未见肿大等现象。

病原：研究初步确定，该病是由虹彩病毒感染引起，目前还没有相应的防治药物。

4. 营养性疾病

（1）营养缺乏症

病症与病因：由于营养不良或缺乏某种维生素等所致。病鱼生长缓慢，体色变暗黑，眼球水晶体混浊，肝失血等。

防治方法：使用全价配合优质饵料或添加维生素C。

（2）脂肪肝症

病症与病因：脂肪肝是由于养殖环境恶劣以及投喂饵料单一，营养不均衡引起的。病鱼表现为肝脏肿大，出现花斑、发白、发黄，甚至坏死，有的肝脏组织中有白色颗粒，有的肝脏呈豆腐渣状。肛门红肿。胆囊变大，胆汁变黑或变得很清淡，没有黏稠性。此病一年四季都能发病，夏、秋季流行最为严重。

防治方法：①加强水质管理，经常加换新水，加开增氧机，定期施入底质改良剂或光合细菌来改善水质；制定合理的放养密度，要根据天气、水质和鱼的生长活动情况，定时投喂饵料，保证鱼吃饱吃好，残饵要及时捞掉；②科学合理使用药物治疗。定期在饵料中添加维生素C、维生素E等可以有效防止加州鲈肝脏疾病的发生。

第三节　鳗鲡关键养殖技术

（一）种业基本情况

由于鳗鲡属降海洄游性生物，生活史及繁殖方式特殊，造成鳗鲡的人工繁殖至今仍然是一个世界难题，鳗鲡养殖目前仍依赖于人工捕捞的鳗苗，每年国内鳗鲡的投苗量主要取决于当年的鳗苗捕获量及合法进口鳗苗的数量，因而不同年份的投苗量可能会有较大的波动。

据初步统计，2019年秋至2020年上半年全国鳗鲡投苗量约76吨。其中广东省日本鳗鲡投苗量约45吨；福建省共投苗约31吨（折合2亿尾左右），其中美洲鳗苗约22吨，日本鳗苗约6吨，欧洲鳗苗约3吨。2020年秋至2021年上半年，全国鳗鲡投苗量约50吨，其中日本鳗苗25吨，广东省投入约23吨，福建省投入约2吨；美洲鳗苗约25吨，其中福建省投入约15吨，江西省投入约10吨。

（二）健康养殖技术

1. 保持合理的放养密度

根据养殖模式、池塘结构、水质条件、养殖品种、鳗鲡个体大小及不同季节综合考虑而制定适宜的放养密度。

水泥池精养模式的放苗和分养密度见表 4-1，鳗苗投放后经过 30~50 天的驯养，体重增加 8~12 倍，池内鳗苗密度相对增大，普遍出现鳗苗规格参差不齐、大小分化严重的现象，应及时进行大小筛选和稀疏分养。

表 4-1 水泥池精养模式鳗鲡放苗和分养密度

项目	美洲鳗鲡	欧洲鳗鲡	日本鳗鲡
放苗密度（尾/米²）	400~600	400~600	600~800
分养规格（尾/千克）		300~500	
分养密度（尾/米²）	250~300	250~300	350~400
分养规格（尾/千克）		150~300	
分养密度（尾/米²）	200~250	200~250	200~250
分养规格（尾/千克）		50~150	
分养密度（尾/米²）	180~200	180~200	140~200

土池养鳗模式中，如果投苗规格为每千克 100~200 尾的黑仔鳗，每亩放养 1 万~2 万尾。养殖 1 个月后将规格达到 50~60 尾/千克的鳗分到中鳗池饲养，放养密度为 8 000 尾/亩左右。一个月后将规格达到 30 尾/千克以上的鳗鱼作为第三级，养成出口规格鳗或者菜鳗。当鳗鲡体重达到 500 克/尾以上时，每亩放养 1 500~2 000 尾，亩产可达 1.5~2 吨。

2. 注意温度控制

鳗鲡对水温变化比较敏感，在养殖各阶段对水温要求有所不同。首先，玻璃鳗入池后，应及时捞除死、伤苗，在排换水期间应注意减少温差。鳗苗入池 24 小时后开始升温，每 8~12 小时升温 0.5℃，直至升到所需水温后，保持恒温。日本鳗鲡养殖水温一般控制在 26~28℃，欧洲鳗鲡与美洲鳗鲡控制在 24~27℃。在日常管理中，要注意保持水温相对稳定，温差或水温太高时要注意控制投料量，土池养殖中需保持 2.5 米以上的水深，水体容量大温度较稳定但也易形成上下温跃层，这样无论在夏天或冬天，底层均能保持稳定的水温。

3. 注意冬季疾病防范

冬季鳗鲡体质及免疫功能下降，容易导致鳗鲡消化不良，引发肠炎等疾病，应适当减少投料。进入冬季由于水环境和气候的变化，鳗鲡容易发生真菌性疾病如水霉和鳃霉病；寄生虫病如小瓜虫病、车轮虫病、指环虫病、鞭毛虫病和孢子虫病；细菌性疾病如肠炎、日本鳗鲡腐皮病等。

4. 科学合理投饵

做好"三定"投喂，避免因鳗鲡暴食造成伤害，定期投喂免疫多糖等免疫增强剂，提高鱼体的抗病能力，预防疾病的发生。

5. 推行生态综合防控

利用物理、生物、植物等水处理技术手段调节和净化水质，使用国标渔药防治鱼病。

6. 配备增氧机

鳗池增氧机的配备可参考如下方式：

（1）精养水泥池 一般使用水车式增氧机。鳗苗、鳗种池（鳗种培育为鳗苗经养殖 75～90 天、体色由半透明转黑、规格达到 50～100 尾/千克的培育过程）用功率 0.75 千瓦增氧机，每池配置 2 台；成鳗池（成鳗饲养是将规格为 50～100 尾/千克的鳗种，从幼鳗阶段经过 6～8 个月的饲养，育成体重 180 克/尾以上的成品鳗规格的饲养过程）用 1.5 千瓦增氧机，每池配置 2～4 台。

（2）土池养殖 每 3～5 亩，配置 1.5 千瓦增氧机 1 台，最好全池再配置涡轮式增氧机 1～2 台。

（三）营养支持技术

1. 早期驯养

天然水域中，鳗苗昼伏夜出，捕食动物性饵料。在人工饲养下鳗苗需要进行白天摄食的驯化。玻璃鳗的早期过渡饵料采用活饵料或糊状开口配合饲料。诱食驯化，日本鳗苗水温升至 26～28℃，欧洲鳗苗、美洲鳗苗水温升至 24～26℃时开始诱食，投饵前提前 15 分钟关停增氧机，第一餐从夜间开始。前 2～3 天，先将早期过渡饵料打成浆后全池均匀泼洒并逐渐缩小泼洒范围至饲料台附近。第 3～4 天，放下饲料台至池底，并打开饲料台上方的诱食灯，利用灯光引诱玻璃鳗上饲料台摄食，将早期过渡饵料投入料台内，摄食结束后即关灯并打开增氧机。经 3～5 天诱食，有 85% 以上的鳗苗上台摄食，诱食即获成功，可进行正常投喂。早期过渡饵料，泼浆诱食期间的日投喂量为鳗苗体重的 10%～15%，逐日递增，正常投喂后可达到 25%～30%；原则上掌握在 30～40 分钟内吃完为宜。

2. 转料

鳗苗的转料是鳗苗入池后饲料投喂的最关键阶段。日本鳗鲡玻璃鳗规格达到 500～800 尾/千克、欧洲鳗鲡达到 300～500 尾/千克即可进行饲料转换，投喂鳗鲡白仔配合饲料，转料前应停食 1 天。转料时，将白仔料掺入早期过渡饵料中混合调成糊状进行投喂，逐步调整早期过渡饵料与白仔料的比例，直至全部投喂白仔料为止。

3. 饲料投喂

100～200 尾/千克的鳗苗阶段，每天投饲量为其体重的 10%～13%；30～50 尾/千克的大鳗苗阶段，每天投饲量为其体重 5%～8%。这两个阶段均要用含蛋白质 50% 以上的新鲜线鳗料。鳗苗体重达 50 克以上时，可选用含蛋白质 40% 的商品鳗料投放，日投量为其体重 3%～4%。每日饲料用量按 1:1.3 的比例加水，再加入 6% 的鱼肝油和适量维生素，一并投入搅拌机内充分搅成既有黏性又有弹性的成团饲料。在夏、秋季每天分上午 8—9 时、下午 5—6 时两次均匀地投入食台上；冬春季水温下降到 20℃以内，则改为下午 5—6 时一次投放。投饲时要观察鱼食欲情况和食欲强弱，适当增减第二次投饲量，做到科学用料，养殖 1 千克鳗鲡一般用饲料约 1.5 千克。

4. 营养添加

鳗鲡养殖密度高、生长快，难免会产生鳗鲡体弱、免疫力差等问题。因此，应在鳗鲡饲料中添加免疫促生长添加剂，如维生素C、维生素E、多维、多肽、免疫多糖、微生态制剂等，既可增强鳗鲡对环境的抵抗力，又可提高饲料的转化率，使鳗鲡健康生长。但在添加一些含酶酵母粉、加酶益生素、淀粉分解酶等投入品时，要注意可能导致饲料部分水解，影响饲料黏弹性，进而导致鳗鲡摄食异常；添加一些味道较大或刺激性较强的药物（如大蒜素），也会导致摄食欲望降低。因此，应根据鳗鲡生产的不同阶段和养殖季节适量地添加免疫促生长添加剂。

（四）病害防控技术

在鳗鲡的日常病害防控中以防为主，推行生态综合防控，如利用物理、生物等技术手段调节和净化水质，减少鳗鲡应激，保证鳗鲡有一个良好的生活环境；合理投饵，定期投喂免疫多糖等免疫增强剂，必须用药时要使用国标渔药。

1. 水质监控

定期进行水质理化指标的测定，如溶解氧、pH、氨（NH_3）、亚硝酸盐（NO_2^-）、硫化氢（H_2S）等，并做好记录和预报工作，通过保持良好的水质，使鳗鲡少生病，保证鳗鲡有一个良好的生活环境。

2. 减少应激

减少鳗鲡的应激反应，造成鳗鲡产生应激反应的主要因素有物理因素、化学因素、生物因素及人为因素等。在鳗鲡养殖过程中，除水质变化外，养殖密度（如高密度称为拥挤胁迫）、不同水源及光照强弱过渡、地下水源矿物质或重金属含量偏高、饲料的选择、转料与投喂管理、排污操作与换水、加温退盐、选别盘池分养、疾病防治与药物的使用等因素都会对鳗鲡造成应激反应。虽然应激本身不是一种病，但却是一种或多种疾病的诱发因素，经常处于应激状态的鳗鲡会出现生理功能紊乱，而更容易感染疾病。要注意观察天气，在鳗鲡养殖过程中，天气闷热、暴风雨或台风来临，季节性气候变化，水温偏高偏低或水温骤变，均会引起鳗鲡应激反应进而表现摄食异常。应对上述情况时，需时刻关注天气状况，一旦有变应及时作出应对，一般是减料或停料；暴风雨之后，需进行水体消毒，这样可以减少应激并可预防疾病的产生。

3. 治疗病害

部分鳗鲡养殖期间的病害治疗可参考如下方式：

鳗鲡肠炎病：①用含氯消毒剂消毒池塘，隔天1次，连续2~3天，及时调节水位使之适于鳗鲡摄食，引诱鳗鲡上台摄食，停加鱼油，在饲料中添加0.1%磺胺嘧啶或大蒜素，并添加助消化利胃之药品（如酵母等），连续7天。②用生大蒜0.5%~1.0%磨浆拌饲料，连续投喂7天。防治鳗鲡肠炎病不但要重视抑制和杀灭消化道内的病原菌，同时应重视内脏功能的恢复，所以在后期往往在饲料中添加内服药。

鳗鲡小瓜虫病：①在有条件的情况下，将水温升高至27~28℃保持一周。②0.7%~1.0%食盐浸浴3~5天，且多次使用。

鳗鲡脱黏败血病：该病为近年来欧洲鳗鲡和美洲鳗鲡常见病，从这几年养殖经验来看，每个养殖场都不同程度发生欧鳗脱黏败血病，死亡率在5%~20%，是鳗鲡养殖中危害最为严重的疾病之一。预防鳗鲡的脱黏败血病要注意日常操作时勿使鳗体受伤，养殖过程中要保持水质的稳定。在发病初期可以选择溴氯海因等常规消毒剂先控制病情发展，此时对水体进行消毒也必须使用刺激性小的药物，等病程进入高峰后，再选用敏感药物进行处理。

（五）水质调控技术

1. 培育好水质

保证鳗鲡有一个良好的生活环境。通过培育藻类、科学使用微生物制剂、适当换水、增加溶氧、控制水中氨和亚硝酸盐等措施保持池塘良好水质。

鳗鲡池塘水环境的调节重在水色的培养与维持，水体内的水色主要由绿色的微藻形成，其具有净化水质、遮光和平衡细菌生长的作用；适时施用微生态制剂可分解残饵和粪便等有机物，并能消除氨氮、亚硝酸盐、硫化氢等有毒有害物质，达到净化水质的作用，也可抑制病原菌的生长，有效改善鳗池水质，保持水环境的稳定。同时，在养殖过程中每日排放部分污水并及时补充新水。台风前夕、雷暴雨天气及养鳗池缺氧时应加大换水量。

2. 防止氨中毒

鳗池在水源水质不佳、池底老化、排污不彻底、有机物大量淤积、放养密度过高等情况下氨氮、亚硝酸氮含量过高，易引起鳗鲡氨慢性或急性中毒，对鳗鲡摄食及正常生长影响很大，是鳗鲡养殖过程中最为常见的一种情况。为避免鳗鲡氨中毒，必须使用无污染水源，放苗之前彻底清池及翻新旧池底，降低放养密度，控制投饵率，排污彻底。同时，可使用水质改良剂或光合细菌、芽孢杆菌等微生物制剂进行调控。

（六）配套机械化/智能化/精准化等新技术

目前鳗鲡产业的饲料生产和加工环节中都实现了机械化、智能化和质量控制的精准化。在养殖生产环节，不少鳗企亦采用先进的机械化装置和智能控制设备，如配备物联网、水质实时在线监测系统等，对养殖全程及养殖用排水的水质情况进行实时监测，应用渔业物联网及数字渔业技术，并配备能满足养殖和生活需要的备用发电机组；在鳗苗培育阶段，采用配备自动控制装置的渔用热泵系统替代传统锅炉，对鳗苗池进行加温、保温；建设智能工厂化循环水鳗养殖车间，通过水温调控、水质过滤杀菌、蛋白分离、循环利用和 PLC 远程在线监测等技术手段进行养殖智能化监测、操控等。

（七）标准化情况

目前，我国与鳗鲡产业相关的现行有效标准共 97 项，其中国家强制性标准（GB）12 项、推荐性标准（GB/T）8 项，农业行业强制性标准（NY）5 项、推荐性标准（NY/T）7 项，水产行业强制性标准（SC）1 项、推荐性标准（SC/T）22 项，出入境检验检疫行业推荐性标准（SN/T）3 项，认证认可行业推荐性标准（RB/T）1 项和地方推荐性标准（DB/T）38 项，涵盖了鳗鲡从养殖到加工等产业链的产地环境、养殖用水水质、鱼苗鱼种、养殖技术规范、饲料和渔药、加工与储运、产品质量安全等方面，已初步形成了标准体系。

1. 环境水质方面

在鳗鲡养殖产地环境、养殖用水及尾水排放等方面，采用的共有如下 15 项现行标准：《渔业水质标准》（GB 11607—1989）、《无公害食品 淡水养殖用水水质》（NY 5051—2001）、《无公害农产品 淡水养殖产地环境条件》（NY/T 5361—2016）、《无公害农产品 产地环境评价准则》（NY/T 5295—2015）、《水产养殖场建设规范》（NY/T 3616—2020）、《淡水池塘养殖水排放要求》（SC/T 9101—2007）、《出境淡水鱼养殖场建设要求》（SN/T 2699—2010）、《有机产品产地环境适宜性评价技术规范》（RB/T 165.3—2018）（第 3 部分：淡水水产养殖）、《池塘养殖尾水排放标准》（DB 32/4043—2021）（江苏）、《水产养殖尾水污染物排放标准》（DB 43/1752—2020）（湖南）、《水产养殖尾水排放要求》（DB46/T 475—2019）（海南）、《淡水池塘水产养殖尾水排放标准》（DB4210/T 3—2018）（荆州）、《污水综合排放标准》（GB 8978—1996）、《地表水环境质量标准》（GB 3838—2002）、《农田灌溉水质标准》（GB 5084—2021）。

2. 种质标准

在鳗鲡品种及其鱼苗的种质方面，共有6项现行标准：《欧洲鳗鲡》（GB/T 26440—2010）、《欧洲鳗鲡》（SC 1071—2006）、《日本鳗鲡鱼苗、鱼种》（SC/T 1055—2006）、《鳗鲡养殖 苗种》（DB32/T 325—2006）（江苏）、《鳗鲡养殖 成鳗》（DB32/T 329—2006）（江苏）、《鳗鲡鱼苗、鱼种质量》（DB35/ 577—2004）（福建）。

3. 养殖技术

在鳗鲡养殖技术方面，中国的现行标准共有如下 16 项标准和 1 项技术指南。其中，国家推荐性标准 1 项，将 HACCP 体系的危害分析与关键控制点引入鳗鲡养殖环节；农业行业推荐性标准 2 项；地方推荐性标准 13 项，主要集中在江苏省、广东省和福建省，广西壮族自治区和海南省仅涉及花鳗鲡池塘养殖技术:《良好农业规范》(GB/T 20014.20—2008)(第 20 部分:鳗鲡池塘养殖控制点与符合性规范)、《无公害食品 鳗鲡池塘养殖技术规范》(NY/T 5069—2002)、《无公害食品 欧洲鳗鲡精养池塘养殖技术规范》(NY/T 5290—2004)、《鳗鲡养殖 温室养殖技术操作规程》(DB32/T 326—2006)(江苏)、《鳗鲡养殖 池塘养殖技术操作规程》(DB32/T 327—2006)(江苏)、《鳗鲡养殖 循环水养殖技术操作规程》(DB32/T 328—2006)(江苏)、《鳗鲡工厂化循环水养殖技术规范》(DB35/T 1905—2020)(福建)、《鳗鲡养殖技术规范》(DB35/T 579—2004)(福建)、《日本鳗鲡种苗生产技术操作规程》(DB44/T 124—2001)(广东)、《日本鳗养殖技术规范 苗种培育技术》(DB44/T 339—2006)(广东)、《日本鳗养殖技术规范 食用鱼健康养殖技术》(DB44/T 340—2006)(广东)、《欧洲鳗养殖技术规范 食用鱼健康养殖技术》(DB44/T 341—2006)(广东)、《欧洲鳗养殖技术规范苗种培育技术》(DB44/T 342—2006)(广东)、《花鳗鲡精养池塘养殖技术规范》(DB35/T 1577—2016)(福建)、《花鳗鲡池塘养殖技术规范》(DB45/T 1222—2015)(广西)、《花鳗鲡池塘养殖技术规程》(DB46/T 224—2012)(海南)、《出口商品技术指南 鳗鱼》(2016)。

第五章
CHAPTER 5
精准高效养殖技术集成
与发展展望

第一节　养殖水质精准调控
技术集成与展望

　　"养鱼八字经"是我国近 3 000 年水产养殖经验的凝练总结："水、种、饵、密、混、轮、防、管"。"水"排在首位，更是重中之重。适合养殖对象生长的水环境对于防控病害、提高产量和保护环境有着十分重要的作用。但是随着人们对水产品需求量的不断增加，我国养殖业的高速发展，养殖水质问题也不断出现。有研究表明，每生产 1 千克鱼类生物量会产生约 30 克总氮和 7 克总磷（Liam A Kelly et al.，1995），约 51% 的氮和 64% 的磷成为废物（刘长发等，2002）。随着养殖量和投饵量的增加，对鱼类有害的氮、磷、硫化物等有害物质的积累速度也在加快，养殖水体在自身无法净化这些有害物质时，会出现水体缺氧和有害代谢废物影响养殖对象生长和生存的现象（戴恒鑫等，2011）。水体中分子氨的累积可对鱼鳃表皮造成损伤，降低鱼体免疫力；亚硝酸盐浓度达到 0.1 毫克/升可能使鱼类慢性中毒、摄食量降低、鳃组织病变，而大于 0.5 毫克/升时可使鱼类新陈代谢功能失常（薛平新，刘艳辉，2010）。传统的水产养殖模式，当养殖水体出现有害物质大量积累时，一般采用大量换水的解决方式来排除这些有害物质，但是这种方法会造成水电资源的浪费，直接排放未经任何处理的养殖尾水也会造成面源污染。因此，寻求一种更加高效、环保、经济的水质调控技术对水产养殖的绿色可持续发展具有重要意义。

（一）养殖水质调控技术

1. 生物方法水质调控

（1）生物膜水质调控技术　生物膜水质调控技术是指利用天然或合成材料作为载体，使微生物群体附着于载体表面呈膜状，水体在流经载体表面过程中，通过有机营养物的吸附、氧向生物膜内部的扩散以及膜中所发生的生物氧化等作用，对有害物质进行分解，从而使水质得到净化（张美兰，2009；田伟君，翟金波，2003）。生物膜处理污水技术最早在 19 世纪初期得到应用，随后经过不断的改良和完善，目前，生物膜法因其具有占地面积小、空间利用率高、生物停留时间久、净化效率高、设备耐冲击力强、污泥发生量少、易于实现自动化管理等优点（史旭东，2008），已被广泛应用于高浓度废水、富营养化河道及微污染饮用水等的净化处理方面。由于生物膜吸附固于载体填料上，生态环境比较稳定，成为微生物大量繁殖的适宜场所，因此一些世代较长的细菌如硝化菌等亦可得到繁殖，使得生物膜法在去除有机物的同时具有脱氮除磷的作用。生物膜法处理污水工艺中一个关键点便是载体的选取，它的好坏直接关系到生物膜的脱落和附着情况，进而影响到系统的稳定性和水处理效果。常用的生物填料主要包括固定式填料（如蜂窝类载体）、悬挂式填料（软性、半软性、组合式填料）、悬浮填料（如空心球）及新型生物填料。张晓青等（2020）通过对乔其纱、摇粒绒、双面绒、小米通、生物绳和生物帘 6 种载体材料进行挂膜实验，发现不同载体材料挂膜效果有明显差别。乔其纱、小米通基本上不能形成藻类生物膜，叶绿素产量较低；其他材料挂膜产量较高，聚球藻和螺旋藻干重最高产量分别可达 72.75 克/米^2 和 57.75 克/米^2，叶绿素 a 分别为 7.25 微克/厘米^2 和 6.45 微克/厘米^2。对比摇粒绒、双面绒、生物绳和生物帘载体挂膜稳定性，发现生物帘表现出较好的重复性，且挂膜产量较高，聚球藻和螺旋藻干重平均产量达 72.21 克/米^2 和 57.66 克/米^2。

江兴龙等率先将生物膜原位水处理技术应用于日本鳗鲡（江兴龙，2012）、凡纳滨对虾（江兴龙，邓来富，2013）精养殖水体，并创新建立了池塘生物膜低碳养殖技术。通过在养殖水体中设置以聚酰胺弹性填料为基体填料的生物膜净水栅，促进微生物在填料上富集形成生物膜。生物膜中包含大量的细菌、藻类、真菌及原生动物，能够有效吸收、转化水体中氮、磷等营养废物。研究表明，在日本鳗鲡土池中设置生物膜净水栅，处理组水体中氨氮、亚硝酸盐、化学需氧量、溶解性正磷酸盐、浊度等分别极显著低于对照组 31.7%、49.7%、29.6%、24.2% 和 26.2%（$P<0.01$）；鳗鲡生长速度极显著提高 27.1%，饲料系数极显著降低 14.2%（$P<0.01$），且处理组平均日换水率仅为 1.6%，与对照组相比节水减排达 78%（$P<0.01$）。这表明该技术具有显著的节水减排、节能低碳、增产增收的效果，且操作简便、安全环保、易推广，已在凡纳滨对虾、鳗鲡、草鱼、罗非鱼、鲤、泥鳅等养殖上取得了成功的示范性应用（邓来富，江兴龙，2013）。在加州鲈的池塘养殖中也获得了良好的水质改良和减排增收效果。

（2）微生物制剂水质调控技术 微生态制剂水质调控技术是指投加特定的有益微生物于养殖水体中，补充养殖水体中缺少的有益菌类，维持微生物群落之间的生长平衡，促进养殖水体中的有机物质分解循环，保持水体生态系统健康发展，对有害微生物需求的溶解氧和生态位进行竞争，抑制有害微生物的生长，改良养殖水质。目前，微生物制剂的应用方式一般有两种，一是添加在养殖饲料中，二是直接溶解后泼洒到养殖水体中。它具有绿色健康、副作用小、作用效果较好、功能全面、能提高水产动物免疫力和品质等优点（乔培培等，2014）。应用于养殖废水处理的微生物以有机质分解能力强的枯草芽孢杆菌菌剂为主导，以光合细菌、反硝化芽孢杆菌、低温有机矿化芽孢杆菌、乳酸芽孢杆菌等混合菌剂为辅，还有些复合菌群，发挥微生物的协同作用和增效功能，对有机质进行分解，达到改良水质的目的（刘青，袁观洁，2008）。有益微生物可以直接或间接地作用于水产养殖对象和养殖环境，能很好地分解养殖生物的排泄物、残饵等有机物，从而达到净化环境的目的（任海波，2004）；并且能够增加水中微生物种类的多样性，维持养殖水体中微生物组成的稳定，从而增强水体的稳定性，当有益菌群生长成为优势菌群时，能够通过颉颃作用，挤占有害微生物的生存空间，从而抑制有害微生物的繁殖。同时，微生物制剂可用于饲料添加剂，调节水产动物的肠道硝化菌落的组成结构，改善水产动物对食物的消化利用，降低饵料系数，还可增强水产动物对有害微生物的免疫力，防止病害的发生。

市场上已有许多硝化细菌菌剂在售，但都是液状菌剂。投加此类硝化细菌菌剂虽然能在一定时间达到降低氮营养盐的作用，但随着养殖过程中不断换水，会导致硝化细菌严重流失（楼洪森，2013）。除此之外，单独的微生物处理系统由于功能菌、载体及水环境等组成的微生态结构较简单，抗干扰能力弱，环境营养贫乏时功能微生物的生物量及活性下降，难以长时间发挥作用，因此微生物制剂需要定时长期投加，这无疑大大增加了水产养殖的成本。同时，使用微生物制剂的条件比较严苛，酸碱度适中、水温条件合适、盐度合适、使用频率适中等一系列条件合适下才能发挥其功能。过度使用也可能导致养殖水体中的无机营养盐释放过量，导致藻类水华发生。另外，使用漂白粉等灭菌剂时，也会导致有益菌的死亡。

（3）碳氮比（C/N）水质调控技术 养殖水体中C/N值的高低影响着水质中氮、磷的去除方式。当C/N值很低时，养殖水体中主要依赖自养微生物、藻类去除无机氮，净化水体；当C/N值为8～10时，自养微生物和异养微生物共同发挥除氮作用；当C/N值达到15以上，主要依靠异养微生物去除无机氮（Emerenciana M G C et al.，2013)。依据异养菌的组成及代谢特点，生物絮团技术一般要求水体中 C/N 值达到 15~20 (Crab R et al.，2007)。研究发现，当养殖环境中 C/N 值大于 10 时，异养菌大量繁殖，水体中的有机氮和无机氮可被系统转化，且氨氮可被完全消耗 (Avnimelech，2011)。通常情况下，水产养殖环境中的 C/N 值比较低，要培养生物絮团，必须补充碳水化合物。常用的方法有两种：一是提高饲料中碳水化合物含量，降低饲料蛋白含量。饲料中添加的碳水化合物一部分可直接被鱼类摄食，其余的溶解到水体中可被异养微生物利用。利用此方法可以很好地控制水体中无机氮含量，但饲料中碳水化合物过多会导致鱼体脂肪含量升高 (陈亮亮等，2014)。二是添加补充碳源。目前常用的碳源包括三类：第一类是葡萄糖、果糖、蔗糖、糖蜜等简单糖类，加入养殖水体后能被异养细菌快速分解利用，但是价格较贵且需要不断添加来保证生物絮凝过程的基本需要；第二类是淀粉、米糠、麦麸、稻壳、竹子等复杂含碳化合物，需要经降解、分解成小分子后才能被异养微生物利用，价格相对便宜并且效果稳定；第三类为农业副产品（小麦秸秆、麦麸、花生粕等）的发酵产物 (徐武杰，2014；向坤，2013)。目前，补充碳源基本都是人工调控的，存在过量投加、调控滞后、碳排放量过高以及工艺稳定性等问题。吴宇行等（2022）提出了一套在线实时监测的碳源投加智能控制算法，开发了污水处理碳源智能投加控制系统，控制系统正式运行以来出水水质稳定达标，日均乙酸钠投加量降低 21.2%，在保障污水处理工艺稳定的前提下实现对碳源投加的精准控制，降低了成本。

2. 物理方法水质调控

物理水质调控技术是指根据废水的物理特性，通过机械、物理的方法除去水中悬浮物质或有害气体，处理技术主要包括过滤、中和、吸附、沉淀、曝气等处理方法 (徐继松，2012)。当前大型污水处理厂处理废水过程中，物理技术处理养殖废水基本不单独应用，其对溶解在水体中的氮、磷元素净化效果不明显，因此往往会作为水处理的前期准备阶段来使用，为后期的微生物或植物净水起到铺垫的作用。当前更多的是将物理净水设备同微生物处理技术相结合，利用双方优势互补深化处理效果，如应用于高密度循环水养殖系统（李岑鹏，2008）。循环水养殖系统将物理过滤与微生物净水相结合，不但可以有效降低浊度与 COD 值，对氨氮、亚硝酸盐、总磷也有显著的去除效果（齐巨龙等，2012；张哲，2011），附着于生物填料上的细菌是使水质得到净化的重要原因（王建明，2010；邓德波，2010）。吸附对去除水体有机、无机污染物和持久性污染物方面有显著的效果（Qu J H，2008）。然而，物理水质调控技术由于需要配置一些设备设施，投资较大、运行成本较高，限制了其推广应用。

3. 化学方法水质调控

化学方法水质调控技术是指向养殖水体投加絮凝剂或某种化学药剂，使之与水体待去除物质发生化学反应并形成难溶的沉淀物，然后再通过固液分离，而达到净化水体的目的（伍华雯，2013）。在使用化学药品与水体氮、磷发生化学反应以净化水质的过程中，为使反应速度更快，反应更加完全，常在反应中添加催化剂（Li et al.，2009）。废水中的重金属、抗生素和激素成分对环境和人类健康造成很大威胁，电化学处理技术集电氧化和电还原作用于一体，能够有效去除有机物和重金属（王志刚，2013）。使用电极可以选择性吸附需要除掉的化学成分（Hui Q J et al.，2002）。通过高聚材料的离子交换来净水对去除水体中的有机物及重金属也有明显效果。

化学方法水质调控技术虽有强针对性，但要求药品用量控制精准，以防引入新的化学药品对水体产生二次污染。使用化学处理技术处理水体中的氮、磷元素，关键是要选择合适的药物并精准控制絮凝时间。大规模生产水体中氮、磷元素升高是由多种因素导致的，因此使用化学方法水质调控技术去除水中氮、磷有很大的局限性并且容易导致二次污染，此外购买化学药品的成本较高，不适宜大规模并连续的水处理。因此，化学方法水质调控技术在水产养殖业的应用客观上具有局限性，主要应用于对养殖水体的消毒、养殖病害的防控等，如应用于对池塘的清塘消毒。

（二）水质精准调控技术集成与展望

1. 水质精准调控技术集成

虽然可采用上述的生物、物理和化学的方法开展对养殖水质的调控，但是每类方法都存在使用的局限性和不足之处，应用于养殖实践的结果也普遍表明对养殖水质的调控未能达到精准效果，且效果不稳定。因此，为了实现对养殖水质的精准调控，很有必要通过集成生物、物理和化学的水质调控技术，优势互补。集美大学水产学院江兴龙教授所率团队，通过长期对池塘养殖水质调控技术的研发和示范应用，综合应用宏基因组学、种群生态学、群落生态学、食物网生态学、化学计量学和生态系统研究等方法，集成池塘水源水预处理、生物膜水质调控技术、微生态制剂水质调控技术、C/N值水质调控技术、多营养层级混养水质调控技术、中草药复方抗病原菌水质调控技术等，创新构建了池塘养殖水质精准调控技术。结合系统分析的最优方法，确定了典型池塘养殖水质精准调控技术最优方案。例如，在日本鳗鲡土池养殖水质调控示范应用中，课题组综合使用自主研发的水体高效生物膜载体——生物膜净水栅、高效硝化细菌、好氧反硝化细菌、好氧反硝化聚磷菌等产品，并结合使用C/N值水质调控产品（葡萄糖等补充碳源产品），实现了对日本鳗鲡土池养殖水质的精准调控，显著降低了养殖期间鳗鲡养殖水体中的氮、磷和有机物质的浓度，确保养殖期间水质符合国家《渔业水质标准》（GB 11607—1989）。同时，也显著降低了养殖尾水排放中的氮、磷和有机污染物的浓度，尾水排放符合《淡水池塘养殖水排放要求》（SC/T9101—2007）的排放标准。

2. 水质精准调控技术展望

随着国家大力推行绿色养殖，水产养殖行业对水质精准调控技术的要求日益迫切，对各种水质调控技术的有效性、精准性、稳定性和持续性提出了更高的要求，水质精准调控产品具有良好的市场发展前景。第一，水质调控技术要在池塘养殖过程中全面推广应用，控制使用成本是养殖者必须考虑的重要因素，当前市场上销售的各种水质调控产品，普遍存在使用成本过高、水质调控效率较低和效果不稳定等问题。因此，研发出低使用成本、精准调控水质和效果稳定的水质调控技术是行业发展必然要求。第二，当前集成多种水质调控技术开展养殖水质精准调控研究仍然较少，各种水质调控技术之间的协同或颉颃作用也是今后水质精准调控技术的研究重点。第三，筛选和扩培具有特定水质精准调控功能的菌种，利用现代生物技术不断开发和提升益生菌产品的功能，有针对性地高效使用益生菌产品，在水产养殖系统中快速建立持续、稳定、安全的微生态系统，以实现对养殖水体的水质精准调控，也是今后水质精准调控技术的研究重点。第四，结合养殖水质在线监测系统、物联网、养殖大数据、人工智能水质监管平台与系统的应用发展，不断提升对养殖过程中养殖水质的精准调控水平，实现养殖水质始终符合养殖对象的良好生长需求和养殖尾水环保排放要求，是今后水质精准调控技术的重要研究方向和发展趋势。

第二节 养殖过程智能监管技术集成与展望

在世界范围内，多个国家的水产品都处于供不应求的状态，仅凭传统的水产捕捞业已经不能满足人们日常的需求量，因此发展水产养殖业才是解决这一问题最有效的手段（李道亮，2020）。我国是世界水产养殖大国，水产养殖总量约占全世界水产养殖总量的2/3（郭宁，2020）。然而，在水产养殖业蓬勃发展的同时，各种问题也相应出现，我国在水产领域的生产、加工、运输、销售以及服务等方面都面临着极大考验。伴随着信息技术在各个行业的发展与应用以及5G时代的到来，为了克服传统水产养殖的种种弊端，提高水产养殖业的生产质量和工作效率，智慧型水产养殖模式呼之欲出（张文博，马旭洲，2020）。智慧渔业是运用物联网、大数据、人工智能、卫星遥感、移动互联网等现代信息技术，深度发掘和利用渔业信息资源，全面推进渔业生产力水平提升和经营管理效率发展的过程，是推进渔业供给侧结构性改革，加速产业转型升级的重要手段和有效途径。我国水产养殖业正在逐渐向现代化、智能化过渡（尹宝全等，2019）。水产养殖智能监管技术可分成智能监测与智能管控两大技术模块。

（一）智能监测技术研究进展

1. 水质在线监测技术

水质监测工作是针对某个养殖区域内的水质进行采集和监测，并将监测结果数据进行记录、对比以及分析的一项工作。目前传统水质监测方法基本分为三个方法：经验法、化学滴定法以及仪器法（尹宝全等，2019）。经验法是一种养殖人员主观判断水质的方法，误差较大；化学滴定法是一种利用化学方法检测水质参数的方法，具备检测精度高和可靠性强的优势，但存在检测周期长、检测样品保存时间短、操作烦琐等缺点；仪器法是指利用水质监测相关的企业所生产的仪器设备进行水质检测的方法，具有操作简便、检测速度快、方便携带等优点，但还存在检测精度低、仪器校验复杂等弊端。

水质在线自动监测是利用相关的设备和计算机系统相结合来做到对水质数据的自动收集、分析以及监测结果的显示。通过运用水质在线监测技术可以为养殖用水的处理提供极大的便利，同时也是尾水处理过程中重要的信息反馈环节。以往的水质监测工作都是通过人工进行样本采集，工作效率、准确度低，不能充分满足水质监测工作的需求。水质自动监测技术很好地弥补了这一缺陷，通过建立智能监测网络系统对水质进行实时监测，能够快速获取水质信息，并利用设备的反馈来完成水质监测数据的全面分析，根据分析结果来制定分析报告。

国外在水质监测技术方面比较成熟，其中美国、荷兰、德国等国家在20世纪70年代就着手研究水质自动监测系统，并已经在多个领域应用。随着无线传感器技术的发展，越来越多的研究学者开始将无线传感器技术运用到水质监测中。Notre Dame 大学的研究者们通过无线传感器网络技术，设计和组建了一套基于无线传感网络的有关湖泊水质的监测系统，其系统主要用来监测学校内湖泊水体的温度、溶氧量及 pH，而且可以在实时数据上进行监测（Lindsay ASeders et al.，2007）。爱尔兰的研究学者（Alanezi Mohammed Aet al.，2021）在无线传感网络的基础上，研制了水质环境监测设备 Smart Coast，该设备安置在湖泊中，对该设备进行无线通信即可获取湖泊水温、电导率、盐含量及有机物含量等多方面数据，对湖泊的水质数据进行有效的监测。杭州电子科技大学组建了无线传感网络课题研究小组，在湿地环境监测方面建立了无线传感网络监测平台，该系统的基础是无线组网技术，对分布在湿地的多个传感器进行数据采集，通过无线通信技术传输数据到监测中心，从而实现对湿地水质数据进行实时监测，对不同情况下的数据进行分析和处理（夏宏博，2009）。杜承虎等研究了太湖水体监测数据系统，集合无线传感器与无线通信技术，研究了太湖水体透明度的数据测量技术，对水体数据进行有效监控，为水资源环保部门提供有效的监测数据，从而降低了在数据监测上人力物力的投入（杜承虎等，2011）。

2. 鱼类生物量智能监测技术

鱼类生物量或密度估计一直以来是水产养殖监测和渔业资源调查的重要内容。传统的鱼类计数方法多为人工计数，存在速度慢、工作量大、容易出错、易对鱼体造成损伤及可能影响后续的养殖生长等缺点。近年来国内外研究人员开始关注鱼类养殖过程中的生物量估计研究，希望通过一种非接触式的生物量智能监测方式为养殖生产实践作出指导。目前，对鱼类生物量估计的研究主要有两种技术路线，分别为声学方法和视觉方法：

声学方法可分主动声呐方法和被动水声信号方法，前者利用声呐设备主动发出声波"照射"目标，而后接收水中目标反射的回波时间以及回波参数以测定目标的参数；后者是指利用水听器等设备被动接收鱼类等水中目标产生的水声的信号，以测定目标的方位和距离，判断出目标的位置和某些特性。梁镜等（2019）使用基于回波统计的方法对鱼群密度评估应用问题进行了实验研究，并提出了一种基于能量阈值的鱼群回波数据预处理方法和统计样本的改进抽样方法。主动声呐方法具有探测范围广、不受能见度限制的特点，主要用于湖泊、海洋等大范围水域，但其设备昂贵，在小尺度水体中的混响严重，难以在池塘养殖中应用。基于被动声学的方法研究各种发声鱼类的发声机制、发声特点和典型行为下的发声规律。李路等人（2016）就单品种淡水活鱼数量估计问题，以被动水声信号处理技术为理论基础，采用回归分析方法建立了淡水鱼数量估计模型。

使用视觉的估计方式是另一种重要的鱼类生物量估计手段。计算机视觉技术起源于 20 世纪 50 年代，近年来，因其经济、快速、客观和高精度检测的优点，已在鱼类尺寸、形状、体色和疾病诊断等水产动物属性研究领域取得多项突破，包括养殖生物的生物量和成长估计、鱼的行为监测和应激状态评估、确定鱼类摄食强度估测投喂量、鱼的分级和分类、鱼的计数、残饵估计、判断鱼的性成熟等。王文静等（2016）通过采集图像，并传送给计算机进行图像处理；对图像进行阈值分割和目标提取后，计算出每帧图像中不重叠区域的幼苗数量，累加求得幼苗总量。Fan 等（2013）基于反向传播神经网络和最小均方支持向量机分析鱼群视频并进行计数。近年来，数据驱动的深度学习算法在低层图像处理和高层图像理解等各个领域都展示了良好的效果，应用到了鱼类检测和识别（Li et al.，2016）等方面。Manda 等（2018）使用 Faster R-CNN 神经网络对鱼类进行了检测和识别。

3. 鱼类行为智能监测技术

对鱼类行为进行智能监测与评估是目前水产养殖的一个研究新方向。鱼类行为是指鱼类进行的各种运动，包括游泳、摄食、生殖、呼吸等；此外，避敌、攻击、求偶以及改变体色等非运动形式也被列入行为范畴之中（柴毅，2006）。传统的鱼类养殖状态监测方法多为人工观察，存在速度慢、工作量大以及判断易出错等缺点。近年来，随着科学技术的发展和人工智能技术的不断革新，计算机视觉技术在许多领域都得到了应用，其中在水产养殖行业利用计算机视觉技术进行鱼类行为智能监测也逐渐成为一个研究热点（李星辉，2021）。现阶段利用计算机视觉技术对鱼类行为监测研究主要集中在摄食行为和游泳行为两个方面。

水产养殖过程中，饵料投放量的准确性一直是关联水产养殖经济效益的重要问题，如果饵料投喂不足，养殖鱼类的生长速度会放缓，严重时甚至引起肉食性养殖鱼类的互相捕食，造成经济损失；若投喂过量则会造成饵料的浪费，增加养殖成本，同时残饵也将导致水体水质恶化，增加鱼类的患病概率。长期以来养殖鱼类投喂量主要依靠人工经验估计，存在很大的不确定性。近些年来利用计算机视觉技术对鱼类摄食行为变化过程进行准确量化，对鱼类摄食强度进行科学评估正成为研究热点。已有学者通过利用计算机视觉监测了鱼群的摄食行为和饲料消耗程度，进而评估了鱼群摄食情况（Feng Q et al.，2015）。张重阳等（2019）基于纹理、颜色等特征进行加权融合的方法评估鱼类摄食强度，准确率达98%以上。帧差法是目前最常用的运动目标检测和分割的方法之一，基于此，有许多鱼群摄食行为的量化指标被提取出来。Ye 等（2016）采用光流提取群体的行为特征（速度和转角），并利用胃肠饱满指数和组合熵评估鱼群的摄食强度。还有学者通过计算摄像机视野范围内鱼群数量，实现摄食激烈程度的量化（Zhao et al.，2016）。

养殖病害也是一个限制水产养殖经济收益的重要问题，如果对鱼类养殖状态产生误判或者忽视病害预警，往往会导致鱼群的病害甚至大量死亡。因此，在病害预警方面，利用计算机视觉技术对鱼类养殖过程中异常行为状态进行特征提取分析并发出病害预警，具有重要意义。近些年来，利用计算机视觉技术对鱼类的行为规律进行分析，由最初模拟建立鱼类的运动模型到后期具体的行为研究以及污染物暴露下的群体行为变化研究等，对鱼类行为的智能监测研究正一步步深入。运用计算机视觉技术对鱼群运动的投影面积进行计算来估计鱼群的运动程度，以此估算鱼类的进食状态（Zhang et al.，2012）。徐愫等以石斑鱼为研究对象，通过在养殖水体中氨氮浓度、温度、pH 等不变的条件下，人为调节水体溶氧浓度以获取石斑鱼正常与异常状态下的图像，主要通过鱼口面积判断张闭口时长，从而判断鱼类异常行为并进行报警。沈军宇等（2018）以鱼群为研究对象，利用深度学习方法与计算机视觉相结合，实现对场景中的鱼类的检测定位，检测精度可以达到90%以上。Xu等（2006）将深度学习与水下鱼类视频监控相结合，完成了对水下视频的分析，使用三个数据集的示例进行训练和测试，平均精度（mAP）达到0.539 2，但是模型的泛化能力不够高，模型也无法识别不属于训练集的数据集中的鱼类。李星辉等（2021）基于公开的MHK水下鱼类视频数据集和Fish4Knowledge水下鱼类轨迹数据集，分别研究鱼类游动轨迹提取技术以及轨迹异常判别技术，并最终综合为鱼类异常行为在线监测算法。

（二）智能管控技术研究进展

鱼类生长对养殖的水质、温度、生长环境等有着较高的要求，利用物联网技术对水产养殖过程进行精准高效管控是目前应用最广泛的手段，可以实现全天候实时监控和管理水产养殖环境、养殖区域、生物生长情况等。物联网主要是通过使用不同的传感设备和技术，如各种传感器、射频识别技术、NB-IOT技术、WiFi技术等各种装置与技术，对不同物体以及它们之间的通信等活动进行实时数据采集，将采集到的海量数据传输到云平台进行存储、管理、分析，再连接互联网，形成的一个庞大网络，达到万物互相连接、互相通信的目的。将这一技术应用到现代渔业的发展过程中，实现水产养殖环境、生产、运输的智能化管控，促进现代渔业的可持续健康发展。

我国水产养殖智能管控技术研究起步于20世纪90年代，2011年在江苏建设了我国首个物联网水产养殖示范基地（李晓川等，2006）。2012年全国水产技术推广总站开发应用水生动物疾病远程辅助诊断服务网，为基层水产养殖户提供及时在线的水生动物疾病防控技术咨询和辅助诊断，有效解决了基层水产养殖渔民"看鱼病难"的问题。特别是在集约化程度较高的深远海大型网箱养殖、工厂化循环水养殖等产业形式和模式，利用物联网技术对水产养殖过程进行智能管控成为研究重点，环境监测、自动投饵、远程监控和病害监测等经济实用、操作简便的管理软件和设施设备应运而生，结合智能监测技术的精准识别、信息采集及智能分析等技术建立了精准投喂、繁殖育种数字化管理、疫病监测预警和粪便自动清理等系统，提高了养殖的机械化、自动化和智能化水平（杨红生，2019）。

（三）智能监管技术的集成与展望

通过水产养殖过程智能监测技术与智能管控技术的集成，对养殖环境安装不同类型的传感器设备和远程网络监控技术，进而实现对水体环境、生长情况、养殖状态进行全面监测和掌控。主要包括以下几方面：第一，对养殖区域的水质监控、预警，精准控制水温、水压、pH、溶解氧、盐度等水质指标，如果发现超过安全养殖的阈值，及时启动报警系统，实现智慧安全养殖。第二，对鱼类生物量及鱼类摄食行为、游泳行为等养殖状态进行监控和数据实时采集，通过对采集数据的获取、处理、加工，为渔业生产制定智慧化的养殖方案提供数据支持。第三，对养殖鱼类进行健康监测。通过建立智慧养殖管理系统，远程监控养殖鱼类的生长情况，通过对鱼类生长数据的采集、分析、处理，利用大数据技术对其生长规律进行分析，出现异常则发出病害预警提醒，从而合理安排渔药、饲料投放量，严格控制养殖密度，实现鱼类的健康生长（于宁等，2021）。

目前美国、德国和日本等水产养殖业发达国家相继建立完善了养殖池塘水体环境智能监控管理系统，实时在线检测监测水体各项理化指标，实现了监测数据自变量与养殖水域生态环境因变量之间的对应调节，最大程度地模拟创造养殖对象适宜的生存环境。苏格兰利用物联网技术实时监控鱼虾养殖中不同地区饵料、药物和鱼虾排泄物的污染程度，并构建出预测预警模型。澳大利亚开发视频系统监测鱼类生长，该软件将能够利用水下立体视频成像对鱼进行自动识别和测量（吴巧玲，2021）。国内水产养殖领域的智能监测与管控技术集成系统的应用还处于起步阶段，多数是在高校、科研院所等实验室条件下展开。在实际养殖生产实践中，即使在集约化、现代化程度较高的工厂化养殖车间里，也是仅应用智能管控系统中的一项或多项智能化监管技术，少有形成完整性的监管系统。今后，建立多方面、多因素、多指标的全面智能监管集成系统，是推动我国水产养殖业向现代化、智能化发展的必要手段。

第三节　养殖尾水氮、磷减排技术集成与展望

我国传统的水产养殖模式是以资源过度消耗、环境污染为代价的粗放式发展模式，这种模式已严重制约我国水产养殖业健康可持续发展（张善慧，2020）。建立在自然资源过度消耗下的水产养殖业已承载不了传统方式的继续高强度开发，环境和资源承载能力已接近上限。脱氮除磷是污水处理的基本要求，也是缓解水体富营养化、降低生态风险的必要措施（凌建海，2020）。但是，由于封闭式工厂化循环水养殖技术在中国水产养殖领域的起步较晚，发展还不完善，加上经济与养殖理念等限制，推广的领域不够广阔，绝大多数的水产养殖户仍然采用传统的流水养殖或池塘养殖，每日换水量在60%～110%，不能及时吃完的饵料和养殖动物产生的代谢废物未经处理便排放。水中存在着大量的死亡有机体、氨氮、亚硝酸盐等不利于鱼类健康生存的物质（宋红桥等，2019）。另外，池塘中的大部分可溶解有机物是细菌的营养物质，有机物的增加为细菌繁殖提供了良好的环境条件。有机物的分解还需要消耗池塘中的氧气，长期缺氧导致水质恶化，不利于鱼类的生存和健康生长。养殖尾水若得不到及时有效处理，不仅恶化养殖水域环境，而且会导致水产动物产生暴发性疾病，甚至大面积死亡。养殖产品质量和产量下降，经济效益下降。当前养殖尾水处理方法主要有化学处理、物理处理以及生物处理三种方法（姜延颇，2020）。

（一）物理法

物理法包括吸附法和沉淀法。吸附法是采用吸附剂吸附水中氮、磷的方法，吸附的主要是离子形态的氮、磷污染物。常用的吸

附剂有改性沸石、粉煤灰等，目前已有许多关于采用改性或未改性吸附剂进行污水脱氮除磷的研究。其优点是去除速度快、操作简单、空间需求小（黄世明等，2016）。沉淀法可通过使用一些矿物盐石与尾水中的氮磷结合产生沉淀而去除之，如磷酸铵镁（MAP，俗称为鸟粪石）法，其原理是利用水体中的 NH_4^+、PO_4^{3-} 和 Mg^{2+} 生成磷酸铵镁（$MgNH_4PO_4 \cdot 6H_2O$）沉淀，达到同时除去水中氨氮和磷酸盐的目的（刘延秋，李色东，2021）。

（二）化学法

化学法在淡水养殖尾水处理技术中经常使用。首先，化学处理技术对尾水净化效果佳，特别是臭氧，作为良好的氧化剂，若科学运用在淡水养殖尾水处理中，能够清除很多无机物与有机物。臭氧可以降解养殖废水里的有害物质，如致病微生物与氨氮等（张水平等，2005）。臭氧有很强的活化水性质，会和水产生化学反应，进而生成氧气，同时在活化水反应中降解硫化氢等有害物质。与臭氧净化养殖尾水作用相似的物质为氨水等化学物质。淡水养殖尾水化学处理中另一个方式是絮凝剂（曲曼宁，2016），絮凝剂是经过缩减养殖尾水里胶状离子间的排斥作用，把离子凝聚沉降，与水体相脱离，从而达到尾水净化的目的。絮凝剂可以将尾水净化，根本因素就是絮凝剂中有铁盐、铝盐等多种物质，这些物质能够促使离子间彼此吸引，凝聚离子，把水体内杂质一一消除。在使用化学反应清除尾水内污染物质的过程中，絮凝剂的过量使用或者在水中残存都会对动植物产生危害，影响动植物的生长，因此把握用量是主要问题（陈丽婷等，2021）。

（三）生物法

生物法主要为微生物脱氮除磷技术与工艺。

1. 除磷工艺

微生物除磷工艺按照磷的最终去除方式和构筑物的组成可以分成主流除磷工艺和侧流除磷工艺两类（李燕，2020）。主流除磷工艺的厌氧池在污水水流方向上，通过剩余污泥的排放实现磷的去除；侧流除磷工艺是将部分回流污泥分流到厌氧池脱磷并用石灰沉淀，厌氧池不在污水主流方向上，而是在回流污泥的侧流中。

（1）主流除磷工艺

①A/O工艺系列　根据工艺系统有没有硝化功能分为没有硝化功能的A/O工艺和有硝化功能的A^2/O工艺（白婧平等，2016）。

A/O（Anaerobic/Oxic）工艺是一种单纯生物除磷技术，具有流程简单、建设费用和运行费用低、高负荷运行、泥龄短、水力停留时间短等优点，存在的缺点是除磷效率较低，沉淀池内易产生磷的释放，除磷效率不稳定。

A^2/O（Anaerobic/Anoxic/Oxic）工艺是在A/O工艺基础上增设一个缺氧区，并使好氧区中的混合液回流至缺氧区使之反硝化脱氮，构成既能除磷又能脱氮的厌氧/缺氧/好氧系统。该工艺具有同时脱氮和除磷的功能，流程相对简单，易于运行管理，运行费用较低，是我国目前较为常用的工艺之一。

②Bardenpho工艺系列　Bardenpho工艺由南非Barnard首创，可认为是两个A/O工艺的串联，水力停留时间较长，剩余污泥中磷的含量为4%～6%，具有较好的脱氮除磷效果（Elham Ashrafi et al.，2019）。

Phoredox（改良Bardenpho）工艺（杨伟柱，罗小龙，2015）是在Bardenpho四段工艺前增加了一个厌氧池，形成厌氧/缺氧/好氧/缺氧/好氧五段工艺。该工艺的优点是通过外加补充碳源或利用废水中的碳源进行反硝化，使系统具有很好的脱氮效果，同时厌氧池的设置提高了磷的释放能力。

UCT（University of Cape Town）工艺（孙鹏晨等，2020）是对Phoredox工艺的进一步改进，该工艺将最终沉淀池的污泥回流至缺氧池，同时增加了缺氧到厌氧的回流，从而使厌氧池不再受硝态氮的影响，进一步提高并稳定系统除磷效果。在改良的UCT工艺中，沉淀池的回流污泥和好氧池的污泥混合液分别回流至缺氧池，其中携带的硝酸盐在缺氧池中经反硝化去除。为了弥补厌氧池污泥的流失，设置缺氧区至厌氧区的混合液回流。

③氧化沟工艺　氧化沟是一种呈封闭环状沟渠形的污水处理构

筑物,废水与活性污泥的混合液在曝气沟中经长时间(一般为 15～30 小时)的循环流动而得到净化(陈霖,2019)。氧化沟工艺有两种运行方式:一种是按时间顺序处理废水,另一种是按空间顺序处理废水(Wang and Liu,2014)。氧化沟除磷功能实质是污水依次历经缺氧、好氧或缺氧、厌氧、好氧环境。除磷脱氮功能氧化沟是常规氧化沟与其他脱氮除磷工艺的结合,典型的结合方式为单独的厌氧池加氧化沟,硝化和反硝化功能在氧化沟内完成。

④序批式活性污泥法(Sequencing Batch Reactor,SBR)工艺 SBR 工艺是一种间歇式活性污泥系统,活性污泥的曝气、沉淀、出水排放和污泥回流均在同一池子中完成,属于单池生物系统,通过改变系统的运行方式,可以实现污水处理的生物除磷脱氮(Kowalik Robert et al.,2021)。

(2)侧流除磷工艺 Phostrip 工艺(牛学义,2002)是一种把化学和生物除磷法结合起来的工艺,主流部分为常规的活性污泥曝气池,回流污泥的一部分(进水流量的 10%～20%)被分流到厌氧池,污泥在厌氧池中的停留时间通常为 8～12 小时,聚磷菌在厌氧池中进行磷的释放,含磷上清液进入化学沉淀池,然后用石灰处理,沉淀除磷。除磷过程在污泥回流中完成。脱磷后的污泥回流到曝气池中继续吸磷。

2. 脱氮工艺

污水中的氮主要以有机氮和无机氮两种形态存在。有机氮包括氨基、氨基、硝基化合物和其他有机含氮物,无机氮主要是氨、硝酸盐及亚硝酸盐(陈登美,2008)。微生物脱氮主要通过氨化、硝化和反硝化作用,将污水中的氮转化为氮气释放到大气中(何腾霞等,2021)。

(1)氨化过程 氨化是有机态氮在微生物作用下转化为氨态氮的过程,氨化过程在生物处理过程中很容易进行,很多真菌、细菌和放线菌都具有氨化能力(Xu et al.,2020)。以氨基酸为例,反应式为:

$$RCHNH_2COOH + O_2 \longrightarrow RCOOH + CO_2 + NH_3$$

（2）硝化过程　硝化作用是氨态氮转化为亚硝酸盐和硝酸盐的过程，整个硝化过程可分为亚硝化和硝化两个阶段，分别由化能自养好氧的亚硝化菌和硝化菌完成（赵倩，2020）。亚硝化菌在适当条件下可以产生 N_2、NO 和 N_2O，表明亚硝化菌在厌氧或氧限制条件下具有调节功能。阶段Ⅰ和Ⅱ分别为：

$$2NH_4^+ + O_2 \longrightarrow 2NO_2^- + 4H^+ + 2H_2O + 能量$$
$$2NO_2^- + O_2 \longrightarrow 2NO_3^- + 能量$$

（3）反硝化过程　反硝化反应是亚硝态氮（$NO_2^- $-N）和硝态氮（$NO_3^-$-N）在反硝化细菌的作用下，被还原为气态氮（$N_2$）的过程，由一群化能异养微生物完成，反应在无氧条件下进行（Chen et al.，2018）。近些年来生物脱氮技术的研究成果包括同步硝化反硝化、短程硝化反硝化、厌氧氨氧化等工艺（赖城等，2021）。

同步硝化反硝化工艺，又称为好氧反硝化工艺，即在同一反应器中同时进行硝化和反硝化过程，从而实现生物脱氮。

短程硝化反硝化工艺，又称亚硝酸型生物脱氮，就是将硝化过程控制在 NO_2^- 阶段而终止，随后进行反硝化。短程硝化反硝化工艺反应式为：

$$1/2NH_4^+ + 3/4O_2 \longrightarrow 1/2NO_2^- + H^+ + 1/2H_2O$$
$$1/2NO_2^- + 1/4CH_3OH \longrightarrow 1/4N_2 + 1/4CO_2 + 1/20H^+ + 1/4H_2O$$

总反应式为：

$$NH_4^+ + 3/2O_2 + 1/2CH_3OH \longrightarrow 1/2N_2 + 1/2CO_2 + H^+ + 5/2H_2O$$

厌氧氨氧化工艺是在厌氧条件下，以 NH_4^+ 为电子供体，以 NO_2^- 或 NO_3^- 为电子受体，将 NO_2^-、NO_3^- 或 NH_4^+ 转变成 N_2 的生物氧化过程。ANAMMOX 工艺是一种全新的生物脱氮工艺，完全突破了传统生物脱氮工艺的基本概念。

（四）养殖尾水氮、磷减排技术集成

单一的水质处理技术都有着自己的优点和缺点，综合水质处理技术就是根据养殖场的气候、地形和经济等条件，结合各种水质处理方法的优缺点进行协调互补，最终将水质处理达到预期效果。

1. 人工湿地

人工湿地是人工建造和监督控制的有针对性仿照或模拟天然湿地功能和构造的体系。人工湿地是用土壤、沙、石等按一定比例构建而成的填料床，再在床体上种植具有处理性能好、成活率高、抗水性强、生长期长、美观且具有经济价值的水生植物，同时填料表面上生存着动物、微生物等，其污染物降解能力甚至高于天然湿地。人工湿地净化污水主要是通过物理、化学和生物作用来完成，并促进了污水中碳、氮、磷等营养物质的良性循环（管志军，2021）。人工湿地对于受纳水体的水质具有一定的保障，有良好的环境和经济效益。迄今为止，人工湿地仍是环境工程领域的研究热点。人工湿地污水生态处理新技术具有污染物处理效率高、投资低、运行成本低等优点，在尾水深度处理中具有很大的优势。该系统夏季处理效果最好，其次是春、秋季节，冬季处理效果稍差。

2. 生物生态处理技术

生物生态系统技术是用特异性益生菌如光合细菌制剂等为核心，以处理污水为对象，以水生动、植物为辅助手段的废水处理技术（贝斯，2017）。它主要是通过微生物制剂中的主体菌如光合细菌等来转化水体的有机物、硫化物、氨氮等污染物质，将其转化为可被水生动物消耗的浮游生物，再在水体中以鱼、虾等水生动物作为消耗浮游生物的食物链，结合水生植物等来降解水体中的污染物，达到改良水质的目的。生物生态修复（处理）技术具有生态节能、环境友好等优点，是一种应用前景广阔的修复（处理）技术（江瀚，2016）。根据技术特点，它可以分为植物净化和修复、微生物修复、生物膜法等技术。

生态塘目前多用于污水的深度处理，也被称为深度处理塘（白立军，2020）。塘中可种植水生植物，养鱼、鸭、鹅等，通过食物链形成复杂的生态系统，也可布置生物膜净水栅等装置构建完整有效的微生物群落，以提高净化效果。生态塘是一种重要的生态工程措施，建设成本低，管理维护要求少（Rayco Guedes-Alonso et al.，2020），在土地资源丰富的广大农村具有很强的推广价值，其建设和运营成本不足二级污水处理厂的 1/3，是目前比较热门的生态处理技术之一（彭思琪，2019），生态塘利用较好的沉降性能降低污水中悬浮颗粒物和有机物浓度。水生植物是水体生态系统的重要组成部分，对水体生态系统的物质循环和能量传递起到重要作用（李丹等，2019）。但生态塘系统也存在有机污染负荷低，出水不稳定，对氮、磷的去除效果有限等不足。影响生态塘净化效果的因素主要有水力负荷、污染负荷、水力停留时间、反应菌总数、额外碳源等，温度对生态塘除总氮、氨氮的效果影响非常显著，但对高锰酸盐指数去除率的影响不明显（汪涛等，2019）。集美大学江兴龙教授所率团队构建了组合生物生态净化塘系统处理养殖尾水，该系统由集污池、鱼类净水池（一级净化塘）以及生物膜与水生植物协同净水池（二级净化塘）组成，优化了鱼类多营养层级混养、水生植物和生物膜净水栅组合，通过综合利用生物生态处理技术，实现对养殖尾水的减量排放处理，尾水排放符合《淡水池塘养殖水排放要求》（SC/T 9101—2007），同时降低了尾水处理投资与运行成本，具有成本低、操作简便、易应用推广的优点。

3. "三池两坝"技术

近些年来"三池两坝"技术已用于一些规模淡水池塘的养殖尾水集中处理，"三池两坝"采用沉淀池＋过滤坝＋曝气池＋过滤坝＋生态池多级组合处理工艺对池塘养殖尾水进行处理（魏宾等，2021）。该处理工艺将物理沉淀、填料过滤、曝气氧化、生物同化等集成为一体，通过对养殖区沟渠或边角池塘进行适当改造，在投入最低的前提下实现养殖尾水的达标排放或循环利用。经过大量试验，该组合系统处理不同污染类型的内陆池塘养殖尾水，均可实现出水 TSS、TN、TP、COD_{Mn} 的达标排放（刘梅等，2021）。该系统夏季处理效果最好，其次是春、秋季节，冬季处理效果稍差。

4. 集约化尾水处理系统

循环水养殖系统是一个集过滤、消毒杀菌、增氧、温控、除氨氮等为一体的综合性工业化养殖系统（宋协法等，2003），其核心是水处理系统，可应用于养殖尾水的集约化处理。集约化尾水处理系统具有物理过滤、生物过滤、杀菌消毒、脱氮除磷、增氧等功能，可满足水循环再利用于养殖需要。每个处理单元的处理模式可因地制宜多样化，如采用石英砂加活性炭过滤，其效果显著且经济，生物转盘进行生物过滤能同时去除氨氮，臭氧杀菌方便卫生且兼有增氧作用（史会来等，2020）。集美大学江兴龙教授所率团队构建了集约化尾水处理系统——"三维电极生物膜反应系统"处理鳗鲡工厂化养殖尾水，实现高效降解养殖尾水排放中的氮、磷和有机污染物的浓度，尾水排放符合《淡水池塘养殖水排放要求》（SC/T 9101—2007）；三维电极生物膜反应系统由组合三维电极移动床生物膜反应池和固定化生物膜反应池组成，其中组合三维电极生物膜反应池内设置铁电极和生物填料，由直流电源向电极提供一定的电压电流；固定化生物膜反应池内主要悬挂生物膜净水栅。

（五）尾水处理技术展望

近年来新开发了一些生物处理尾水方法，如悬浮填料指的是在传统活性污泥系统中投加悬浮生物填料作为一个活动的生物膜载体，形成一个复合的生物系统，在水处理研究中通常也被叫做移动床生物膜反应器（MBBR）（赖竹林，周雪飞，2021）。悬浮填料一般是具有较大表面积和多孔结构的材料，通过挂膜驯化在其表面形成生物膜。好氧颗粒污泥（AGS）是好氧生物处理系统中的微生物在适当的条件下，由于微生物自身具有凝聚于或附着于固体表面的特性而产生的颗粒状污泥（李杰等，2021）。AGS结构密实，具有沉降性能优异、生物量浓度高以及抗冲击负荷能力强等优点。

虽然养殖尾水处理技术（工艺）多样化，但单一种（类）的处理技术基本上都有不同程度的局限性。因此，根据实际养殖尾水处理需求和现实条件，因地制宜地对不同的养殖尾水处理工艺（系统）进行优化组合，使其达到协同处理，实现环保达标排放和降低尾水处理成本的目的，已经成为行业的共识，也是当前国内外养殖尾水处理技术的研发趋势。

第四节 构建池塘精准高效养殖技术体系

以资源消耗、环境污染为代价的传统池塘养殖粗放式发展模式已严重制约我国池塘养殖业健康可持续发展。为确保养殖水产品质量安全，提升池塘养殖效益，提高我国池塘养殖业的国际竞争力，顺应新时代发展需求，必须集成现代养殖先进技术、产品、设施和装备，构建池塘精准高效养殖技术体系，以改造提升传统池塘养殖模式向资源节约环境友好型绿色养殖发展方式转变，向人工智能精准高效养殖发展方向转变。

（一）建立水质精准调控技术体系

由于养殖习惯和养殖成本较低的原因，长期以来沿用的传统池塘养殖模式仍然是目前我国池塘养殖的主要模式。传统池塘养殖模式具有养殖水体大、病害防治难度大和养殖水质调控较难等特点。养殖户为了提高经济收益，通常采用高养殖密度而超过了池塘水体的生态养殖容量，再加上不合理且过量的饲料投喂，导致水体中残饵、肥料及代谢废物的积累，使水体自净能力下降，加剧水体富营养化，养殖水体自身污染日趋严重（王建平等，2008；万光意，2011）。为改良水质，许多学者开展池塘养殖水质的调控相关研究。池塘养殖的水质精准调控技术是国内外水产行业的研究热点。应用生物膜技术改良池塘养殖水质，提升养殖效益的研究已有一些报道。如邓来富（2013）在淡水、半咸水、海水的凡纳滨对虾养殖池塘中应用生物膜净水栅，处理组的总氮、亚硝酸盐、氨氮、活性磷酸盐较对照组极显著下降。张圆圆等（2017）在试验池塘中设置生物膜净水栅，与对照塘比，试验塘的鱼类病害发生率低，渔药使用量明显减少，饲料系数下降 0.1 左右，平均亩产量提高了 11.0%，平均亩效益提高 14.5%。微生物制剂也被用于改良养殖水体水质。万光意（2011）针对鳗鱼土池生态健康养殖技术开展研究，每隔10～15 天使用光合细菌作为生物调节制剂，改善水体环境，抑制有害病菌的繁殖。沈煌华（2009）在土池养殖过程中使用微生物制剂，相比对照组取得了明显的增产增收以及减少病害效果，认为微生物制剂能够起到改良水质和底质的功效，从而减少病害发生，提高成活率，促进鱼体健康快速生长。林学文（2008）通过应用循环水处理技术，对补给水源进行过滤消毒并对排出水进行无害化处理，建立鳗鲡土池健康养殖模式，对水质的改良和处理取得了一定的效果，铵态氮的去除率稳定在50%以上，但是硝态氮的去除不明显。单一菌群或复合微生物制剂，如光合细菌、硝化细菌、芽孢杆菌和EM菌等，在国内外已广泛应用，发挥出净化水质、病害防治、提高养殖效率的作用，但存在受各种环境因子影响较大、作用效果不稳定的问题。集美大学江兴龙教授所率团队自主研发了生物膜净水栅专利产品，将其悬挂在养殖土池水体，具有节水、省地、环保、水质可控性强、低风险、水产品质量安全等优点。当养殖污水流经生物膜表面时，污水中的有机物被生物膜中的微生物吸附、降解，从而得到净化。基于生物膜净水栅的发明，结合针对池塘养殖水质净化而高效筛选开发的微生物制剂，创建了池塘生物膜低碳养殖技术，生物膜上微生物群落主要由有益菌群、藻类、真菌以及原生动物等组成，形成良好的微生态系统，抗干扰能力强，在节水减排、水质精准调控、病害控制、蓝藻控制等方面已表现出更优越的特性。

集美大学课题组通过研发与集成池塘水源水预处理臭氧紫外组合灭菌、生物膜、微生态制剂、多营养层级混养、高效脱氮除磷、噬菌体和中草药复方抗病原菌等技术，形成池塘养殖水质精准调控技术、产品和装备，构建了池塘养殖水质精准调控技术体系，可实现对池塘养殖水质的精准调控，突破了当前池塘养殖水质调控技术调控效果不稳定的不足。

（二）建立养殖过程智能监管系统

作为快速、经济、一致、客观无损的一项检测手段，计算机视觉技术在测量对象的线性尺寸、周长、颜色、面积等外观属性方面有着传统手段无法比拟的优势，计算机视觉技术也被应用于水产养殖。随着计算机信息技术、光学成像技术、图像处理和模式识别技术等现代化技术的飞速发展，传统的检测手段正逐渐被计算机视觉技术的自动化检测手段所代替。研究人员对计算机视觉技术在水产动物外观属性的测量方面开展了大量的相关研究，其研究对象涵盖了鱼、虾、蟹、贝等多种水生动物。目前，计算机视觉技术已逐渐成为水生动物工厂化精养殖的关键技术手段。挪威科技大学的学者研究了声呐、摄像机、立体摄像机、超光谱摄像机等多种监测传感手段，开展在生物量估计、喂食策略和控制、海虱寄生虫监测等精准水产养殖方面的应用。国内一些单位也研发了相关技术，如集美大学团队开发了 ROV 水下机器人应用于水下观测，结合传感器和物联网，应用于池塘水质、鱼类病害和养殖生物量等智能监测系统和养殖过程管控方面的研发。

深度学习技术在鱼类检测方面正开始得到应用。基于深度学习的目标检测算法中典型的有 Faster RCNN、YOLO、SSD 等，它们在 ImageNet、COCO 等大型数据集上都有很好的表现。因此，利用深度学习技术对鱼类进行检测识别正成为研究热点。Mandal 等（2018）利用 Faster RCNN 模型对水下视频中的鱼类进行检测和识别，克服了水下图像模糊、背景复杂、光照不均等因素带来的挑战，最终模型得到的准确率达到 82.4%，相比以往提出的方法准确率更高。李冲冲（2020）使用改进的 YOLOV3 模型对水下鱼类进行检测和识别，最终模型准确率达到 88.55%，相比原 YOLOV3 模型准确率提升了 2.9%。深度学习模型具有深层的网络结构，它所提取的特征是神经网络通过学习大量的样本数据得到，不易受鱼类大小、图像噪声、光照不均等因素的影响，相较于图像处理等方法具有更强的适应性。在深度学习的框架下参照池塘养殖水体浊度对水下图像进行增强，采用细粒度可变形深度神经网络鱼类检测模型自动学习鱼类体表、头、鳃、尾等部位的细粒度特征，并在检测的同时进行实例分割，有效解决遮挡和可变形问题；由深度学习驱动的现代 AI 技术，对水质、鱼类活动和生物量进行综合多模态分析；借助数据挖掘开发基于深度递归神经网络的计算机专家模型，嵌入养殖设备物联网中形成有效的闭环反馈管控。在养殖水体,特别是在高密度养殖环境中,水的浊度较高,水中的微颗粒较为丰富,如饵料残余、微生物等,使得养殖水体下的图像一般呈现视觉模糊、对比度下降、颜色失真等特点,给使用可见光成像进行养殖监测分析带来困难。集美大学课题组建立了一种新颖的传输图估计方法,使用全局白平衡先验求解传输图,综合利用多尺度 Retinex 方法求得不同于传统方法的三通道传输图。利用高斯滤波求得局部后向散射光作为背景光值,再使用经典的水下图像复原公式,在最终的颜色校正前,对红色通道进行补偿,以防止自适应色彩校正失效而可能出现的色偏问题,最终通过颜色校正获得增强后的图像。该方法在多个数据集上取得了相较于传统方法更优的指标结果。

(三)建立环保高效养殖尾水处理系统

国内外应用较多的池塘养殖尾水处理系统主要是人工湿地、多功能生态塘及其组合等,如建立沉淀池、过滤坝、曝气池、生物处理池、人工湿地、生态浮床、偶联生物池等设施。

水生植物在养殖尾水治理中有着积极作用,能通过物理作用(如植物根系会分泌特殊功能的有机物,可以吸附、过滤和沉淀水中的化合物)、生物作用(直接吸收和利用氮、磷以及从周围环境中交换吸附重金属等)和微生物的辅助作用,达到净化水质的效果(屠晓翠等,2006)。水生动物净水技术之一是放养肉食性鱼类以控制捕食浮游生物的鱼类,以此壮大浮游生物种群,然后借助浮游生物控制藻类的数量使净水效率达到最优(SHAPIRO J,1975)。传统生态净化塘利用多种水生生物对水体进行净化处理,塘内一般种植水生植物,以吸收水体中的氮、磷等物质,也会放置滤食性鱼类、贝类等吸收养殖水体中的碎屑、有机物等(周雨婷,2020),其净化过程类似于天然水体的自净过程。张国栋(2011)研究鲢、鳙对富营养化水体的净化效果,总磷、总氮去除率分别为 77.0%、67.2%;黄连光(2016)利用水葫芦生态塘处理生活污水,在水葫芦约占水面 1/2 面积的条件下,对 COD、氨氮和总磷的去除率分别为 25.0%~26.1%、64.9%~66.7% 和 30.2%~

31.8%；闫志强等（2014）研究黑藻（*Hydrilla verticillata*）、伊乐藻（*Elodea nuttallii*）、狐尾藻（*Myriophyllum verticillatum* L.）和苦草（*Vallisneria natans*）对 NH_4^+-N 去除率都达到70%以上。生态净化塘的建设、管理和维护等成本相对较低，但因为水生植物对温度、气候和季节变换比较敏感，使得传统生态净化塘对水质处理效果不稳定，特别是在冬季，随着水温降低，水生植物对水质净化效果将大幅度下降。

为了提高对养殖尾水中总磷的去除效果，集美大学课题组自主研制了降磷机。降磷机主要通过在一定电流作用下，使设置的铁（阳极）产生的大量 Fe^{2+} 和 Fe^{3+} 与养殖尾水中的磷酸盐发生沉析反应，形成颗粒状、非溶解性的物质（如磷酸铁等）而沉降于池底；同时，Fe^{2+} 和 Fe^{3+} 以及它们的水化物如氢氧化铁等对磷具有较强的絮凝、沉淀作用，还可生成具有吸附凝聚作用的多聚物，可以起到絮凝剂的作用，能与养殖水体中一些悬浮物质（含悬浮态磷，包括生物磷和难溶磷酸盐颗粒）、相关的颗粒物质和电解质等发生沉聚作用，而沉降于池底部，从而大幅度降低水体中的总磷，且环保、无二次污染风险。生物膜与水生植物协作净水对养殖尾水中的总磷有着良好的处理效果，原因是在试验初期泼洒大量葡萄糖，能够为生物膜上的聚磷菌提供能量，提升其除磷性能（范琛，2008），生物膜与水生植物协作净水对养殖尾水中总磷的去除效率优于水生植物的除磷效率。利用降磷机电化学法生态除磷和生物膜技术稳定、高效地降低水体中氮、磷浓度的能力，集美大学课题组将生物净化塘技术与生物膜技术、降磷机相结合，创新构建了组合生物生态净化塘系统。示范应用该系统处理鳗鲡养殖尾水，可大幅度降低总磷、总氮等浓度，尾水排放达到《淡水池塘养殖水排放要求》（SC/T 9101—2007）的一级排放标准。

（四）池塘精准高效养殖技术体系构建与展望

针对池塘养殖面临的设施化程度低、尾水处理技术落后、水产品质量安全风险高等突出问题，综合应用生物膜、微生态制剂、C/N 补充碳源调控等技术，建立池塘养殖水质精准调控技术；应用先进养殖设施装备，综合应用人工智能、大数据、物联网等技术，对池塘养殖过程实施智能监测与管控，建立智能化、信息化的养殖管理系统；利用生物生态处理技术与高效环保脱氮除磷装备对养殖尾水进行系统协同处理，高效实现养殖尾水中氮、磷减量排放。通过集成池塘养殖水质精准调控、养殖过程智能管控、精准化养殖、尾水高效环保处理等关键技术（系统），构建池塘精准高效养殖技术体系，将当前池塘养殖主要依赖个人经验进行技术管控和人工作业管理向数字化和智能化发展方向转变，实现池塘养殖业向精准、高效和绿色方向发展，将大力推动我国池塘养殖业的科技进步和可持续发展，促进乡村振兴。

第六章
健康养殖典型案例
CHAPTER 6

一、福建省罗非鱼"两年三茬"养殖案例

长泰县聪华家庭农场，2020 年 3 月 24 日成立，为个体工商户，主要经营范围包括内陆水产品养殖及销售，责任黄金聪，该负责人从事罗非鱼养殖 30 多年，养殖经验丰富。现有养殖池塘 60 多亩，主要从事罗非鱼池塘精养。目前采用的养殖模式为"两年三茬"罗非鱼池塘养殖。下面就这种养殖模式关键点介绍如下：

罗非鱼"两年三茬"养殖模式：以吉富罗非鱼、奥尼罗非鱼为主要养殖品种，配套标粗罗非鱼大规格鱼种，在成鱼养殖池搭配一定比例的草鱼、鲢、鳙鱼种和少量肉食性鱼类，养殖过程全部投喂配合饲料，第一茬饲养到 9 月罗非鱼达到上市规格后捕捞出售；紧接着放养第二茬大规格罗非鱼种，饲养至第二年 6 月捕捞上市；第三茬从 6—7 月饲养到年底，罗非鱼规格可达到 400～600 克/尾的上市规格。这种养殖模式可控性强，产品质量有保障，符合罗非鱼

安全生产要求，并且充分提高池塘周转利用率，节约了养殖时间，提高罗非鱼单位面积的养殖产量。福建闽南地区具备罗非鱼自然越冬的气候，这一养殖模式能产生较好的养殖经济效益，养殖方式比较普遍（彩图12）。

首先水源能满足生产需要，水质符合渔业水质标准要求。每口池塘具有相对独立的进排水系统，建议每两年就对池塘清淤一次，并配备完善的增氧系统与投料机，水深2.5～3.0米较好。同时，要求配备标粗的大规格罗非鱼鱼种池，降低购进大规格罗非鱼鱼种成本。

其次做好大规格育种配套计划。建议第一茬养殖所需的大规格罗非鱼越冬种，在第一年度9—10月放苗，经培育和越冬，饲养至4月，可出塘进行成鱼养殖；第二茬放养当年规格3～5厘米的罗非鱼鱼种，饲养至9月，供成鱼养殖；第三茬养殖所需的大规格罗非鱼越冬种，在9—10月放苗，经培育和越冬，饲养至次年6—7月，供成鱼养殖。

再次控制好成鱼养殖的放养密度，合理搭配其他品种。建议每茬放养密度为每亩放养规格为30～50克/尾的大规格罗非鱼越冬鱼种2 000～2 500尾，搭配规格为20厘米的鲢、鳙鱼种各1 500尾，规格为20厘米的草鱼鱼种750尾；在罗非鱼放养1个月以后，套养规格为10厘米的乌鳢（或鲈、淡水白鲳）鱼种450尾。

最后做好大规格苗种培育和成鱼的养殖管理。科学投喂饲料，做好水质调控与病害防治。

二、海南省罗非鱼典型养殖案例一

1. 海南宝路水产科技有限公司简介

海南宝路水产科技有限公司（以下简称"宝路公司"）于2006年9月在海南省定安县正式建设育苗基地，将优质罗非鱼良种、育苗养殖技术等一并引入海南。2008年起宝路公司启动了校企水产实践基地合作，延续至今已与成都农业科技职业学院、海南大学、集美大学达成深度校企水产人才培育合作关系。2009年分别在海南文昌、定安、临高、琼海建立"农业科技110",不仅为地区养殖户提供优质良种、养殖技术普及培训和养殖技术服务配套,还派遣科技特派员下乡指导农户、养殖户解决"三农问题"。2011—2013年在国际权威杂志 Aquaculture 上发表4篇罗非鱼相关论文受到国际认可,2014年4月25日开创了中国罗非鱼亲本出口的历史先河,将45万尾宝路自主选育的青宝路罗非鱼水花发往印度尼西亚。2019年至今,宝路公司随着"一带一路""种业翻身仗"等政策出台,逐渐走进政府、人民群众的视角,积极参与国家鱼苗援疆项目、"十三五规划"教材书目项目、国家高新技术企业申报、水产健康养殖示范场申报、国家级种质资源库申报等各项工作。希望以自身17年的罗非鱼种业经验打造成一个绿色低碳的种质资源示范场,为中国乃至全世界贡献一份力量。

宝路公司现坐落于海南省海口市龙华区,注册资金2 588万元,是具有独立法人资格的私营企业,所筹建的罗非鱼良种场占地面积1 000亩,位于海南省临高县博厚镇美仍村,公司现有员工达200人,其中不乏国内顶尖院校、海归学者、行业跨界人才(彩图13)。此外,还有外国专家顾问与国内大学、研究院的专家顾问共同参与,主要从事水产新品种、种质改良技术、水产养殖新能源、水产养殖新技术的研发、推广及应用。

经过17年的运营,宝路公司每年为业界供给优质罗非鱼鱼苗4亿尾,供应范围已遍及海南、广东、广西、云南、福建、河南、河北、新疆、山西、山东、天津等11个省(自治区、直辖市)及东南亚国家,获得了广大养殖户的青睐,为中国罗非鱼养殖业的健康、稳定和持续发展作出了积极贡献,也得到了行业的高度认可。

2. 公司优势

(1)注重品种培育,建立起150个罗非鱼家系 宝路公司保存、培育的主要良种为尼罗罗非鱼。良种基础群体来源于1988—1997年世界渔业中心(原国际水生生物资源管理中心)发起和实施的养殖罗非鱼遗传改良计划(GIFT),中文名吉富罗非鱼。公司引进后继续进一步选育,商品名为宝路罗非鱼(ProGIFT)。

根据评估挑选经济性状最优的家系及个体进行种质制备，即原亲鱼（定义为亲本的亲本，分两个组合共四个家系）与其子一代即亲鱼；原亲鱼根据选育群体的世代交替每两年制备一次，亲本由原亲鱼生产，每年生产一次，即为后备亲鱼。罗非鱼鱼苗为全年生产，亲本一直处于交配生产中，不需要保存。亲本 3～4 龄后淘汰（即使用生产 2～3 年），由成熟的后备亲鱼补充。

目前，公司已在 GIFT 项目共 10 代选育的基础上，持续进行了 17 代选育，建立起 150 个罗非鱼家系，宝路吉富系列罗非鱼获得了 260% 的生长性能提高，受到市场的广泛认可。

（2）注重研发，与多家科研机构和高校合作 海南宝路水产科技有限公司是世界罗非鱼苗种研发、生产领军企业，在罗非鱼种质资源库建设、罗非鱼的选育及制种、罗非鱼苗种供应等方面具有十分重要的地位。其在海南临高基地从世界各地引进罗非鱼种质建立了完整的基础群体，所生产的宝路罗非鱼苗具有雄性率高、生长速度快、均匀度好、饲料利用率高等优势，成为全国自然条件最好的罗非鱼苗种生产区之一，在海南罗非鱼苗种市场占有率 30% 以上，辐射带动全国罗非鱼养殖面积 15 万亩。公司先后获得"海南省省级水产良种场""全国十大罗非鱼苗种供应基地""海南省罗非鱼良种选育工程技术研究中心"等荣誉称号；连续数年通过 BAP 认证，先后获得 8 项专利，与多所院校、研究中心保持稳定的合作关系，在罗非鱼苗种繁育领域处于领先水平。

3. 公司特色

（1）注重产品质量，产品可追溯 宝路公司作为国内首家通过 BAP 认证的苗种生产企业，具备国际一流的质量控制流程和制度，配备有常规的水质检测设备以及鱼病检测器材，并配备相关技术人员定期对养殖水质、鱼病发生情况进行检测，公司制定了严格的生产管理制度和操作规范，有效地预防相关病害的发生和保证罗非鱼的产品品质。公司通过射频芯片技术、数据管理等手段，实现了从种鱼、鱼卵、水花、鱼苗全部生产流程的数据连接，并与客户服务系统对接，实现了产品生产流通和数据流通的封闭和可追溯。

（2）进行标准化生产 宝路公司建立了《家系生产标准》《商业种鱼生产标准》《鱼卵孵化标准》《鱼苗质量标准》《鱼苗运输标准》等一系列生产标准，严格按照标准进行生产管理和运营，取得了良好的市场口碑。2021年，宝路公司承接了农业农村部水产科学研究院《罗非鱼苗种繁育标准》的制定工作，该项目正在执行中。

4. 公司经验

（1）广泛收集原种，扩大遗传差异 从国内外广泛收集尼罗罗非鱼种质，扩大遗传差异，并通过自由组合、评估和初步筛选，构建了庞大的种质基因库基础群体。通过家系内综合选育法，结合市场需求，制定相应的育种策略（如性状选择有生长速度、出肉率、起捕率、网箱养殖性能、成活率等），从而逐年提高经济性状优良基因的频率，定向地优化种质基因库。

宝路罗非鱼每年选育一代，每代生产150个家系，当这些家系个体达到3~5克时，使用电子标签进行标记，这样所有个体就可以放在同一环境测试生长性状。依据选择策略，分组进行不同环境的测试，待所有试验数据汇集后，就会对所有的家系进行分析和评估，得出各家系及个体的选择性状育种值和综合育种值并进行选择，以提高下一代选育群体的种质。

（2）注重营养结构，自主研发饲料 商业种鱼和鱼苗标粗所投喂的饲料采用公司研发的饲料，由饲料加工厂按配方代生产，能够针对性地满足不同生产所需的营养结构。此外，公司与动物保健产品公司合作，推出了自有品牌的产品，以满足自有基地的投入品使用及养殖户的需求（彩图14）。

（3）注重水质调控，减少环境污染 公司经过多年的研发和改造优化，建成场内水体大循环模式，采用较大水体用于蓄水和生态净化，实现零排水和保持水体的稳定（彩图15）。此外，因地制宜地采集和培养本地有益菌藻，进行扩培后补充水体中的有益微生物，达到水体的健康和本地环境的和谐。

三、海南省罗非鱼典型养殖案例二

1. 海南勤富实业有限公司简介

海南勤富实业有限公司（以下简称"勤富公司"）创立于 2000 年 3 月，是一家集饲料销售、水产养殖加工及内外贸易为一体的现代化水产企业。目前，公司拥有养殖基地 10 000 亩，主要分布在文昌、海口、澄迈，平均年投罗非鱼鱼苗 4 000 万尾，平均年产罗非鱼 2.3 万吨；合作养殖基地 29 000 亩，主要分布在文昌，平均年产罗非鱼 6.7 万吨。养殖基地严格按照"公司＋基地＋标准化"模式经营管理，已通过了 BAP 认证、ASC 认证等。其中，文昌溪尾罗非鱼养殖场是国家级罗非鱼养殖标准化示范基地，养殖水面积 600 亩，是海南首个国家级"出口食品农产品质量安全示范区"（彩图 16）。

勤富公司于 2007 年投资兴建了海南勤富食品有限公司（彩图 17），是经农业农村部等国家八部委联合认定的国家级农业产业化国家重点龙头企业。勤富食品有限公司总占地面积 5 万米²，现有原料处理能力达 66 000 吨，成品达 35 000 吨。公司已通过 ISO22000 认证、HACCP 认证、BAP 认证、BRC 认证、ASC COC 认证、BSCI 社会责任审核等，检测中心通过 ISO/IEC17025 国家实验室认可。

勤富牌罗非鱼产品被评为海南省名牌产品，"勤富"商标获得海南省著名商标证书。主要的产品有冻罗非鱼片、条冻罗非鱼、调味罗非鱼等（彩图 18）。产品主要销往美国、欧盟、中东、墨西哥、俄罗斯和非洲等 50 多个国家和地区，由于口感好、质量佳，深受国内外市场欢迎。

2. 公司优势

（1）高标准建设养殖基地，起到示范引领作用　按照海关部门关于备案养殖场的相关要求，依据国家无公害食品养殖法规，勤富公司按高标准要求设计建设了文昌溪尾健康养殖示范基地。健康养殖示范基地占地面积 1 000 亩，水面面积 600 亩，总共 34 口鱼塘。

场内设有进、排水系统，供氧系统，应急供电系统，自动投喂系统，设有独立的药房、饲料房、规范的水质检测实验室、办公室及生活区等。示范基地实行养殖场质量管理体系，基地实行制度上墙、质量化管理、专库专人、人员细化分工、申请审批手续健全、科学用料、科学防治、系统追溯的管理方法。

同时，勤富公司在多年的养殖实践中，摸索出一套高效的管理方法和养殖模式，并获得12项养殖模式专利证书，未来将朝着罗非鱼养殖场信息化平台方向发展，主要利用物联网、大数据、云计算等先进的技术实现传统养殖方式向信息化养殖方式的转变。改变管理模式，方便管理者实时掌握养殖区域动态，从而有效提高管理效率，提升养殖水产品成活率，提高养殖效益。

勤富公司采取"公司＋基地＋标准化"的模式，引领带动养殖户进行罗非鱼标准化健康养殖，辐射带动了文昌市渔业经济持续健康发展，示范作用显著。

（2）积极优化养殖模式，提高产业组织化程度　勤富公司现有多个自营养殖基地和2万多亩合作养殖基地，遍布文昌、海口、澄迈等市县。勤富公司采取统一供应种苗、统一供应养殖投入品、统一技术指导、统一组织生产、统一质量检测、统一捕获加工的"六统一"模式，创建区域化管理标准化自属罗非鱼养殖基地近1万亩，最终辐射农户养殖面积达2.9万亩。农户从过去的低效养殖、粗放管理逐步走向高效养殖、精细管理，提高了罗非鱼养殖的出塘率、商品率。"公司＋基地＋标准化"生产经营模式保障了公司加工使用原料鱼来源及时补充和供应，同时对产品品质能够做到控制和监管，长期运行下来显示出明显的优势，从产品规范操作、渔品质量安全监管服务等方面更加符合现代农业生产要求。

3. 公司特色

（1）高度关注产品质量安全，不断完善质量体系建设　质量是企业的生命线，品牌源自于质量，也是企业提高效益的基础。勤富公司始终根植于产品质量这块基石之上，不断完善质量体系建设，健全质量安全体系机构，加强科学管理。勤富公司建立持续有效运行的质量安全管理体系，组织机构健全。公司始终坚持绿色养殖生态农业标准化要求，坚持按国际市场要求组织农业生产，坚持走可持续发展现代农业之路，"软实力"显著提高，国内外市场竞争力显著增强。为了完善质量管理体系，勤富食品公司通过了 ISO22000 食品安全管理体系认证、HACCP 认证、美国 BAP 认证、欧洲 BRC 认证、ASC COC 认证、BSCI 社会责任审核以及荣获"海南罗非鱼农产品地理标志使用单位"称号，通过了商务部推出的"海南鲷认证"企业等。

（2）注重合作基地技术服务，宣传健康养殖理念，带动就业

勤富公司高度重视发展罗非鱼产业化，运用健康养殖促进罗非鱼养殖业发展。公司本着"以绿色食品为标准，让健康食品走进千家万户"的宗旨，不定期聘请和组织罗非鱼养殖方面的专家对农户进行培训，通过知识讲座和田头现场技术指导等多种形式，提高养殖户标准化养殖的技术水平和管理水平，宣传罗非鱼健康养殖理念，与广大养殖户交流养殖经验，推广了先进的罗非鱼养殖技术。除此之外，公司的实验室也为周边的农户提供免费的检测服务，实现了信息技术共享，为推动我国水产养殖业的健康持续发展而不懈努力。

勤富公司从罗非鱼养殖基地到加工厂，共吸纳周边群众就业近千人，一线员工大多为周边的农民、贫困户和下岗职工，并为特困户提供贷款担保，既帮助政府缓解了周边群众的劳动就业压力，又带动了当地农民致富，对地方经济的发展作出了自己的贡献（彩图 19）。

4. 公司经验

（1）坚定不移地实施品牌战略，走可持续发展的道路　勤富公司近些年来坚定不移地实施品牌战略，走可持续发展的道路，先后获得国家级"三大示范区"殊荣，即"国家级出口食品农产品质量安全示范区""国家级农业标准化优秀示范区""农业农村部水产健康养殖示范场"。依据国内外罗非鱼的市场和水产养殖的标准及规范体系获得水产养殖认证，提升了公司罗非鱼的品质和竞争力，保证了出口罗非鱼产品的可追溯性和安全性，充分规避和应对国际技

术性贸易壁垒，进一步打开美国、欧洲、俄罗斯、哥斯达黎加乃至全球的罗非鱼出口市场，形成了良好的品牌效应，提高了勤富公司产品的知名度，不断扩大国内外市场的占有率，而且促进了保护生态平衡和罗非鱼产业的可持续性发展。从 2013 年以来，勤富公司外贸出口都以两位数的稳定增长，取得了优异的经营业绩。近两年虽然受得疫情的影响，但是公司仍能实现稳步增长。2019 年"勤富"商标被列入"第一批海南省重点商标保护名录"。

（2）创新加工产品，积极开拓内销市场　随着人民生活水平的日渐提高，消费者对健康优质水产品的需求不断增加，国内市场需求不断扩大。同时，为了解决罗非鱼贸易出口依存度高的问题，勤富公司根据国人生活习惯开发适合其口味的新产品、新菜式以及深加工产品，积极开拓内销市场。针对 90 后、00 后新兴市场开发了调味鲷鱼片系列、面包鱼片系列、烤鱼系列、酸菜鱼、鱼皮、鱼下巴等，以品质、价格和服务抢占国内中低端消费市场。此外，积极拓宽国内市场销售渠道（批发、电商、团餐、餐饮、商超等），目前与沃尔玛、京东、天猫、海底捞、盒马鲜生、拾味馆等知名企业均有合作。不断创新销售模式，在上海设立办事处，通过上海辐射长三角；在各大中型城市设置办事处或经销商，通过经销商发展二级、三级分销商。

四、广东省罗非鱼典型养殖案例

广州顺源农业发展有限公司成立于 2008 年，位于花都区赤坭镇莲塘村，养殖基地总面积 530 亩，养殖环境优良，交通便利。主要从事鳜、草鱼、罗非鱼、黄颡鱼等商品鱼养殖。2021 年产量3 000 多吨，年产值 2 500 多万元，产品通过粤港澳大湾区"菜篮子"质量控制交易平台销往大湾区等市场。

公司于 2015 年评为花都区农业龙头企业；2018 年取得无公害农产品产地认定证书和无公害农产品认定证书；2019 年再次成为农业农村部水产健康养殖示范场，取得出境水生动物养殖场/中转场检验检疫注册登记证书，获得广州市家庭农场认定，被授予粤港澳大湾区"菜篮子"生产基地；2021年获评广州市农业龙头企业。

公司是花都区总工会"劳模和工匠人才创新工作室"的依托单位，近年来践行渔业绿色发展理念，开展渔业绿色健康养殖"五大行动"，投资1200万元建设池塘工程化循环水养殖系统和智能化投饵及水质监测设备3套，池塘养殖水生态治理系统1套，名优品种养殖尾水异位生态处理系统1套，2021年度开展了"广东省水产养殖（罗非鱼）用药减量示范"项目一项。

近年来，公司采用生态养殖模式养殖大规格（平均2千克以上）商品罗非鱼，特别是2022年利用池塘工程化循环水养殖系统养殖大规格商品罗非鱼，主要养殖模式如下（彩图20至彩图23）：

1. 罗非鱼池塘养殖水生态处理工艺

本公司养殖面积450亩，建设了池塘养殖尾水标准生态治理工艺设施［养殖池塘—排水渠（生态渠道或管道）—沉淀池—过滤坝—曝气氧化池—生态净化池—养殖池塘］。目的在于罗非鱼池塘养殖水经过生态治理后，水体的COD、总氮、总磷等理化指标到达排放水质或受纳水体水质要求，同时确保养殖水质"爽、活、嫩"。

池塘工程化循环水养殖罗非鱼利用吸污系统，吸收60%～70%的残饵及粪便，通过三级尾水处理系统循环利用，在第一级沉淀池利用小型水泵将有机沉淀物抽取灌溉塘基低矮作物；其他30%～40%的有机物通过滤食性和底层吃食性鱼类及生态净化区水面种植水稻改善水质。

2. 养殖模式

（1）过冬棚低密度养殖大规格罗非鱼模式　近几年来，每年在10月底，搭好过冬棚并收购每尾规格1千克以上的经质检合格的罗非鱼，在过冬池放养（密度为400～500尾/亩）；利用深水井23℃以上的水确保过冬池水温保持在20℃以上，保持良好的水质，养殖到次年的4—5月每尾规格达2千克以上的商品鱼。此模式既能错峰上市，又能避开高温季节罗非鱼的病虫害。

（2）池塘工程化循环水养殖系统养殖大规格商品罗非鱼　2022年7月，公司利用已建设运行的池塘工程化循环水养殖系统及智能化投饵及水质监测设备养殖大规格商品罗非鱼，每套系统配备 6 条长 22 米×宽 5 米×深 2.5 米的水槽，每条水槽放养规格为 1 千克左右罗非鱼 4 500～5 000 尾，养殖 120 天左右，平均体重达到 2 千克以上商品鱼出售。

第二节　加州鲈养殖案例

一、福建省加州鲈工厂化养殖案例

光泽县崇仁信义养殖家庭农场，占地 3.79 公顷，该场位于武夷山脉北段，闽江上游富屯溪源头，水源条件好，交通便利。2014 年 5 月被县乡关工委列为"第一轮种子工程项目"培育发展。2015 年开始建设 1 座工厂化养殖车间，占地面积 18 余亩，建有 48 个养殖池，共 8 200 平方米养殖水面，总投资 820 余万元。2018 年 12 月该场被评为"第一轮种子工程优秀项目"（彩图 24）。2019 年 6 月又被县乡关工委列入了新一轮种子工程项目继续培育发展。同时，该家庭农场还租赁土池 200 多亩进行淡水鱼类养殖，目前主要养殖的品种为加州鲈、斑鳜、澳洲龙纹斑等。下面就近几年加州鲈工厂化循环水养殖心得总结如下：

循环水养殖用水为溪水，水质清新无污染。养殖池大小 200 米²，水深 1.5 米，9 口一组配备循环水处理系统 1 套，同时配套 1 口土池进行标粗。2020 年 4 月将土池培育的大规格加州鲈苗种（平均规格 50 克/尾）移入循环水车间进行成鱼养殖，养殖密度为 20 尾/米²。全程投喂加州鲈人工配合饲料，每日换水率 15%。经过 6 个月的养殖，养殖产量约 19.5 吨，平均规格在 500 克/尾，市场售价 26 元/千克，销售额约 50 万元。经核算养殖成本在 18 元/千克，利润约 15 万元。

加州鲈循环水养殖首先一定要放大规格苗种，这是与土池养殖最重要的区别之一；其次要配套大规格苗种标粗池，降低养殖苗种费用；苗种进入循环水系统前要彻底进行病虫害的消杀，防止病害带入系统；苗种放养密度要根据系统本身设计的承载能力进行调整；饲料质量要有保证；严控病害发生，若出现病害，使用药品的水不能进入水处理系统，防止破坏系统生物膜。

循环水加州鲈养殖技术要求要高于普通池塘养殖，若没有技术支撑建议不采用这种养殖模式，毕竟这是一种高投入、高风险的养殖模式。

二、广东省加州鲈典型养殖案例

广州容大水产科技有限公司为广东海大集团养殖板块子公司，专业从事特种水产品遗传育种研究，优质、高效、健康水产种苗繁育，以及鱼虾规模化健康养殖生产示范，是一家融科技研发、种苗繁殖到生产示范推广为一体的水产企业。

公司总部位于广州市番禺区石楼镇海鸥岛，占地 2 700 余亩，资产总额 2.1 亿元，年产加州鲈和生鱼近 2 000 万千克，产值过 3 亿元。公司现有 10 余人的硕士研发团队和 120 余人的生产管理团队，依托海大集团在饲料、种苗、动物保健、机械设备等方面的优势，围绕育种体系、营养体系、防控体系、生产管理体系的搭建进行高效养殖模式研发。

公司采用室内工厂化标粗＋室外大水面土池养成的生产模式，配套自动化系统和养殖信息管理系统，降低了传统养殖对人和环境的依赖，提高了生产和管理的效率（彩图 25 至彩图 28）。

公司出品的"鲈鲜鲣"牌加州鲈利用海鸥岛优美的自然环境，半咸水生态养殖，健康无公害，肉质洁白鲜嫩，无肌间刺、无腥味，味极鲜美，富含 EPA 和 DHA，是一种优质的蛋白源。

第三节　鳗鲡养殖案例

一、福建省双循环健康鳗鲡养殖案例

双循环健康养鳗技术模式属于福建省水产技术推广总站 2013 年

获授权的发明专利"双循环零排放的健康养殖系统",分为内循环养鳗模式和外循环尾水处理模式两个既相对独立又互相组合的部分,其中内循环养鳗模式已在龙岩、南平、三明、漳州等地鳗场示范推广面积超过 20 万米² 以上。漳平市珺源水产养殖有限公司和建宁渠村新马生态养殖有限公司的应用示范最为典型,具体情况如下:

1. 企业简介

漳平市珺源水产养殖有限公司成立于 2016 年 5 月 24 日,注册资金 1 000 万元,是一家鳗鲡养殖企业。公司年产淡水鳗 200 吨,产值 2 000 万元,现有技术人员 18 人。公司位于漳平市官田乡石门村下辽坂,地处漳平市的东南,闽西南结合部,占地面积 40.4 亩,距高速路口仅 6 千米。公司具备水温调控、水质过滤杀菌、蛋白分离、循环利用和 PLC 远程在线监测等技术手段。建设陆上工厂化循环淡水养殖总面积 6 800 米²,场区现有新建智能工厂化循环水鳗养殖车间 2 栋,水面积 2 286 米²,新建保温彩钢结构厂房 3 500 米²。现有水泥养殖池 35 口,鳗精养池新建面积 6 500 米²,建设了曝气增氧池及鳗池钢架温室大棚 6 800 米²(双层电控保温内空气循环系统),场区增容 250 千伏安配电工程,购置 150 千瓦发电机一套(彩图 29)。

建宁渠村新马生态养殖有限公司,成立于 2020 年 4 月,水域使用面积 1.31 公顷。公司位于福建省建宁县溪口镇渠村,占地面积 26.4 亩,养殖基地毗邻兰陂水库,交通便捷、土地规整、水源充足、水质良好。主要从事鳗鲡养殖、加工、销售等。

2. 应用情况

(1)内循环养鳗模式 漳平市珺源水产养殖有限公司从 2018 年建厂时,就将整个养殖场建设为内循环养鳗模式,为福建省开展内循环养鳗模式最早的养殖场之一。每口鳗池中增设渔污池(鱼厕所),形成"养殖池+渔污池"的"单间套"内循环结构。养鳗池面积 250 米²/口,福建省传统水泥池精养池均可使用,内循环口设置在中央排污口的盖板内,渔污池占养殖面积的 5% 左右,池内可分为三区，依次为集污区、缓冲区和净水区，各区之间的底部相通，可通过插拔管理控制底部水的排放，将鳗粪便等固形物转移至"渔污池"中沉底、浓缩，并适时排入外循环进行处理，其他与传统养殖模式类似。

效益分析：内循环养鳗模式新建鳗池的成本为 5 000 元/口，改造鳗池的成本约为 1 万元/口，建设成本在企业可接受的范围内（彩图 30、彩图 31）。根据漳平市珒源水产养殖有限公司的应用示范，与传统养鳗技术相比，鳗生长速度提高 82%，节煤 55%、节电 40%、节水 50%，减少养殖用药 60%，饲料转化率提高 5 个百分点，每吨鳗增收 6 500 元，养鳗周期缩短半年以上，经济效益、社会效益和生态效益极为显著。

（2）外循环尾水处理模式　该模式通过建立蓄水池、生化塘、净水池（彩图 32）等，配备运用物理法进行沉淀、压滤（彩图 33）等，生物法（植物、动物）等对鳗鱼粪便及其尾水进行有效处理，从而达到养鳗尾水的循环利用或达标排放。外循环中建设容积应大于养殖场日最大排水量的 1.2 倍，并及时去除粪便等固形物。水生植物种植面积占比为 30%～50%，水面种植应设立格栏，可建浮岛或立体种养利用。鱼类的养殖密度为 0.5～1 尾/米^3，投放总量 30～50 千克/亩。经过处理，养殖尾水中的总磷含量可以控制在 1 毫克/升以内。

以建宁渠村新马养鳗场为例，养鳗面积 1.5 万米^2，建有约 50 亩尾水生态综合处理池（莲田）（彩图 34）。尾水生态处理池建造成本 10 万元，放养罗非鱼、螺、莲等苗款成本 10 万元，莲田日常维护 5 万元，每亩投入成本约 5 000 元，扣除每亩收获鱼和莲子等 2 500 元，亩成本约 2 500 元。根据水质抽检结果显示，生态综合处理后的尾水总磷含量为 0.752 毫克/升。

二、广东省工厂化鳗鲡典型养殖案例

1. 企业简介

惠州市华龙永利实业有限公司是一家特种水产养殖民营企业，

主营鳗鲡苗种培育和成鳗养殖。

公司总部位于广东省惠州市龙门县龙田镇西埔村，水源充沛、水质优良，是鳗鲡养殖的首选之地。现拥有养殖基地 979 亩，有钢架结构温室培苗、养殖工厂化车间 30 000 米^2。2021 年培育鳗鲡苗达 280 万尾，出产商品鳗鲡 620 吨，实现销售收入 6 800 多万元。公司经济实力雄厚，常年与中国水产科学研究院珠江水产研究所、深圳华大海洋科技有限公司合作，聘请珠江水产研究所多名水产研究员和工程师担任技术顾问，并与广东海洋大学、中山大学结成产学研战略合作伙伴（彩图 35 至彩图 37）。

2. 优势与特色

公司是惠州地区鳗养殖规模最大的企业、广东省大型鳗鲡养殖基地之一。公司是广东省鳗协会副会长单位，2017 年获评龙门县农业龙头企业；2018 年获得"农业农村部水产健康养殖示范基地"称号；2019 年获评惠州市农业龙头企业，同年 2 月公司产品获得无公害农产品证书；2020 年 1 月获评广东省农业产业化龙头企业；2021 年公司产品获得"有机鳗鱼"称号。全程按照无公害健康养殖标准进行生产，完全符合国家检测标准，商品鳗大部分销往日本、韩国及欧美地区，近年国内市场销售也逐年扩大。在工厂化养殖方面，公司形成了自己的特色：

（1）高产 工厂化池养殖每平方米可以养殖 25～30 千克的成品鳗鲡，比一般露天鱼池的产量提升了 10～20 倍，大大提高了土地利用率。

（2）管理方便 一般鳗鲡的工厂化养殖占地面积在 50～100 亩，大部分新建工厂都采用了物联网技术，技术指标都能在电脑上监测，实现管理规模化、流程化、标准化，节省大量的人力成本。

（3）全封闭 室内养殖可以不受季节变化影响，全年均可养殖，尤其是反季节养殖可以进一步提升收益。

（4）食品安全 通过生态健康的养殖方式，确保严格把控饲料投喂、水质控制、微生物菌群调节等环节，保障鳗鲡的健康生长，确保产品质量安全。

（5）对环境影响小　养殖池使用循环水或者过滤池，达到标准后才排放，符合目前环保生产的要求。

3. 养殖经验

经过多年的发展，公司积累了丰富的鳗鲡养殖经验：

（1）选择优质的鳗苗和控制好放养温差是关键　优质的鳗苗是苗种成活率和饵料转化率的保障，要选择大小均匀、颜色透明、活动力强的鳗苗。南美洲鳗苗较好养，脊椎骨数在 108～110。放养时温差是关键，即包装袋内水温与白苗池的水温相差不能超 5℃，放苗前半小时在白苗池泼撒 20 克/米^3 葡萄糖＋2 克/米^3 维生素 C，提高鳗苗的抗应激能力。

（2）运用生态调控技术调节养鳗池水质环境　采用微生物制剂调控水质与工厂化设施处理相结合的方法，来解决养殖过程中氨氮普遍过高的问题。同时，配套水生植物处理系统可有效解决废水污染环境问题。

（3）科学合理投喂饲料　高密度人工养殖条件下，需要投喂人工饲料，但投喂过多不仅影响鱼类生长，还会造成水质污染，造成资源的大量浪费。一般在养殖过程中投喂八分饱为宜，同时采用氨基酸等诱食剂提高鳗鲡的摄食率，减少浪费。

（4）技术集成，建立标准　通过对水质调控、饲料投喂、疾病防治、日常管理等技术的集成，制定企业养殖技术标准；对养鳗池的生产进行记录，实行健康养殖管理，保证了水产品质量安全。

参考文献 REFERENCES

白婧平，金明姬，齐书亭，2016. A/O 工艺在污水处理厂的运行性能及经济性评价 [J]. 水处理技，42（10）：125-128.

白立军，2020. 生态塘系统在污水处理中的应用 [J]. 湖北农机化（18）：41-42.

贝斯，2017. 生物生态技术在治理农村水体污染中的应用研究 [D]. 南京：东南大学.

柴毅，谢从新，危起伟，等，2006. 鱼类行为学研究进展 [J]. 水利渔业（3）：1-2，47.

陈登美，2008. 生活污水土地处理过程中氮的迁移转化 [D]. 贵阳：贵州师范大学.

陈丽婷，檀午芳，肖俊，等，2021. 我国池塘养殖尾水处理技术研究进展 [J]. 广西农学报，36（4）：40-45.

陈亮亮，董宏标，李卓佳，等，2014. 生物絮团技术在对虾养殖中的应用及展望 [J]. 海洋科学（8）：103-108.

陈霖，于涛，2019. MBBR＋氧化沟与改良 AAO 工艺用于污水处理厂提标扩建 [J]. 中国给水排水，35（8）：58-62.

邓德波，2010. 鳗鲡养殖循环水处理系统中细菌群落结构及动态变化 [D]. 厦门：集美大学.

邓来富，江兴龙，2013. 池塘养殖生物修复技术研究进展 [J]. 海洋与湖沼，44（5）：1270-1275.

杜承虎，李云飞，王宜怀，等，2011. 水体透明度远程监测系统的研究与应用 [J]. 计算机工程，37（16）：263-266.

范琛，2008. 聚磷菌的微生物学特性研究 [D]. 西安：西安建筑科技大学.

管志军，2021. 人工湿地技术在污水处理与水环境保护中的应用［J］. 皮革制作与环保科技，2（12）：99－100.

郭宁，2020. 智慧水产养殖应用与发展模式研究［D］. 武汉：华中师范大学.

何腾霞，陈梦苹，丁晨雨，等，2021. 微生物脱氮过程中氧化亚氮的释放机理及减释措施［J］. 生物资源，43（1）：17－25.

华迪，2008. 利用藻类去除 P 营养物质研究［D］. 成都：西南交通大学.

黄连光，2016. 人工湿地-稳定塘系统处理生活污水尾水研究［D］. 泰安：山东农业大学.

黄世明，陈献稿，石建高，等，2016. 水产养殖尾水处理技术现状及其开发与应用［J］. 渔业信息与战略，31（4）：278－285.

江兴龙，2012. 日本鳗鲡（Anguilla japonica）土池生物膜原位修复低碳养殖技术的研究［J］. 海洋与湖沼，43（6）：1134－1140.

江兴龙，邓来富，2013. 凡纳滨对虾（Litopenaeus vannamei）池塘生物膜低碳养殖技术研究［J］. 海洋与湖沼，44（6）：1536－1543.

姜延颇，2020. 水产养殖系统的尾水处理方法［J］. 江西水产科技，（1）：45，48.

赖城，张大超，Philip Antwi，等，2021. 短程反硝化/厌氧氨氧化工艺研究进展［J］. 环境污染与防治，43（11）：1452－1459.

赖竹林，周雪飞，2021. 移动床生物膜反应器（MBBR）的研究现状及进展［J］. 水处理技术，47（10）：7－11.

李岑鹏，2008. 鳗鲡养殖循环水处理系统技术研究［D］. 厦门：集美大学.

李冲冲，2020. 基于 YOLOv3 的水下鱼类目标的检测与识别［D］. 杨凌：西北农林科技大学.

李丹，储昭升，刘琰，等，2019. 洱海流域生态塘湿地氮截留特征及其影响因素［J］. 环境科学研究，32（2）：212－218.

李道亮，刘畅，2020. 人工智能在水产养殖中研究应用分析与未来展望［J］. 智慧农业（中英文），2（3）：1－20.

李杰，王少坡，李亚静，等，2021. 好氧颗粒污泥污水处理技术研究现状与发展［J］. 环境科学与技术，44（11）：176－183.

李晓川，翟毓秀，王联珠，等，2006. 建立健全我国水产品可追溯体系的若干问题［J］. 农业质量标准（4）：14－17.

李星辉, 2021. 基于轨迹提取的鱼类异常行为监测 [D]. 杭州: 浙江大学.

李燕, 2020. 污水处理脱氮除磷工艺的研究进展 [J]. 中国资源综合利用, 38 (6): 105 - 107.

梁镜, 许枫, 张纯, 2019. 声学回波统计的鱼群密度评估方法 [J]. 应用声学, 38 (2): 279 - 286.

林学文, 2008. 土池循环水养鳗模式的初步研究 [J]. 福建水产 (2): 5 - 8.

凌建海, 2020. 我国水产养殖对环境的影响及其可持续发展 [J]. 农家参谋 (4): 163.

刘梅, 原居林, 倪蒙, 等, 2021. "三池两坝"多级组合工艺对内陆池塘养殖尾水的处理 [J]. 环境工程技术学报, 11 (1): 97 - 106.

刘青, 袁观洁, 2008. 微生物净水剂在流动水体修复中的应用 [J]. 华中科技大学学报: 城市科学版, 25 (1): 82 - 84.

刘延秋, 李色东, 2021. 我国水产养殖尾水处理现状与技术应用 [J]. 科学养鱼 (9): 3 - 5.

刘永秀, 2019. 污泥中微生物量对氮磷浓度的影响研究 [J]. 节能, 38 (9): 144 - 145.

刘长发, 綦志仁, 何洁, 等, 2002. 环境友好的水产养殖业——零污水排放循环水产养殖系统 [J]. 大连水产学院学报 (3): 220 - 226.

楼洪森, 2013. 高效低温硝化细菌培养及其固定化制剂处理鱼类养殖废水的研究 [D]. 太原: 太原理工大学.

牛学义, 2002. PhoStrip 侧流除磷工艺及其应用实例 [J]. 给水排水 (11): 8 - 12.

彭思琪, 2019. 一种梯级式人工湿地——生态塘系统深度处理尾水技术研究 [D]. 长沙: 中南林业科技大学.

齐巨龙, 赖铭勇, 王茂元, 等, 2012. 鳗鲡循环水高密度养殖试验研究 [J]. 上海海洋大学学报, 21 (2): 6.

乔培培, 陈丕茂, 秦传新, 等, 2014. 利用微生物净水研究进展 [J]. 广东农业科学, 41 (1): 6.

曲曼宁, 2016. 絮凝剂在污水处理中的相关研究 [J]. 科技展望, 26 (5): 142.

任海波, 2004. 养殖废水氨氮降解菌的分离、鉴定与固定化研究 [D]. 青岛: 中国海洋大学.

沈煌华，2009. 微生物制剂在欧洲鳗海水土池养殖中的应用 [J]. 福建水产
　　(2)：48－50.

沈军宇，李林燕，夏振平，等，2018. 一种基于 YOLO 算法的鱼群检测方法
　　[J]. 中国体视学与图像分析，23（2）：174－180.

史会来，张涛，平洪领，等，2020. 凡纳滨对虾集约化养殖尾水处理系统运行
　　效果验证与评价 [J]. 浙江海洋大学学报（自然科学版），39（4）：334－
　　340，346.

史旭东，2008. 生物膜技术在脱氮除磷方面的应用研究 [J]. 科技情报开发与
　　经济，18（5）：132－133.

宋红桥，顾川川，张宇雷，2019. 水产养殖系统的尾水处理方法 [J]. 安徽农
　　学通报，25（22）：85－87.

宋协法，宋伟华，田树川，等，2003. 集约化养殖水处理系统研究 [J]. 浙江
　　海洋学院学报（自然科学版）(1)：35－39.

孙鹏展，吴俊奇，王真杰，等，2020.UCT 工艺处理生活污水的实验研究
　　[J]. 应用化工，49（3）：641－644，650.

田伟君，翟金波，2003. 生物膜技术在污染河道治理中的应用 [J]. 环境保护
　　(8)：3.

屠晓翠，蔡妙珍，孙建国，2006. 大型水生植物对污染水体的净化作用和机理
　　[J]. 安徽农业科学（12）：2843－2844.

万光意，2011. 鳗鱼土池生态健康养殖技术 [J]. 现代农业科技（14）：353，
　　359.

汪涛，夏伟，雷俊山，等，2019. 生态塘链对农村畜禽养殖尾水的深度净化效
　　果 [J]. 湖北农业科学，58（10）：62－67.

王建明，2010. 循环水鳗鲡养殖水处理技术应用研究 [D]. 厦门：集美大学.

王建平，陈吉刚，斯烈钢，等，2008. 水产养殖自身污染及其防治的探讨
　　[J]. 浙江海洋学院学报（自然科学版）(2)：192－196，200.

王文静，徐建瑜，杜秋菊，2016. 基于计算机视觉的鱼苗自动计数系统研究
　　[J]. 渔业现代化，43（3）：34－38，73.

王晓菲，2012. 水生动植物对富营养化水体的联合修复研究 [D]. 重庆：重庆
　　大学.

王志刚，2013. 电化学法对养殖废水中污染物去除研究 [D]. 重庆：西南大学.

魏宾，方洁，顾雪林，等，2021. 基于"三池两坝"组合流程的池塘养殖尾水净化效能［J］. 水产养殖，42（11）：27-34..

吴巧玲，2021. 物联网在水产养殖中的应用与发展探析［J］. 农村经济与科技，32（11）：58-60.

吴宇行，王晓东，陈宁，等，2022. 典型城镇污水处理厂碳源智能投加控制生产性试验研究［J/OL］. http：//kns. cnki. net/kcms/detail/11. 2097. X. 2022 0321. 1214. 009. html.

伍华雯，2013. 固定化微生物联合粉绿狐尾藻（*Myriophyllum aquaticum*）净化养殖废水的研究［D］. 宁波：宁波大学.

夏宏博，2009. 面向水环境监测的无线传感器网络监测节点设计［D］. 杭州：杭州电子科技大学.

向坤，2013. 经济植物浮床技术净化温室甲鱼养殖废水研究［D］. 杭州：浙江大学.

熊少康，2021. 水生植物在污水处理和水质改善中的应用分析［J］. 中国高新科技（17）：151-152.

徐继松，2012. 日本鳗鲡和美洲鳗鲡循环水养殖技术的研究［D］. 厦门：集美大学.

徐武杰，2014. 生物絮团在对虾零水交换养殖系统中功能效应的研究与应用［D］. 青岛：中国海洋大学.

薛平新，刘艳辉，2010. 集约化养殖鱼类非生物疾病及综合预防技术［J］. 吉林水利（4）：5.

闫志强，刘龟，吴小业，等，2014. 温度对五种沉水植物生长和营养去除效果的影响［J］. 生态科学，33（5）：839-844.

杨红生，2019. 我国蓝色粮仓科技创新的发展思路与实施途径［J］. 水产学报，43（1）：97-104.

杨伟柱，罗小龙，2015. 改良型 bardenpho 工艺同步脱氮除磷处理禽畜养殖废水实例研究［J］. 中小企业管理与科技（中旬刊）（6）：249-250.

尹宝全，曹闪闪，傅泽田，等，2019. 水产养殖水质检测与控制技术研究进展分析［J］. 农业机械学报，50（2）：1-13.

于宁，徐涛，王庆龙，等，2021. 智慧渔业发展现状与对策研究［J］. 中国渔业经济，39（1）：13-21.

张国栋，2011. 利用鲢鳙鱼及水生植物控制平原水库富营养化的研究 [D]. 青岛：青岛理工大学.

张美兰，2009. 有机污染河道生物膜原位处理技术研究 [D]. 上海：上海交通大学.

张善慧，2020. 淡水养殖存在问题与应对措施 [J]. 畜牧兽医科学（电子版）(3)：22-23.

张水平，董呈杰，袁非亮，2005. 臭氧在水处理中的应用 [J]. 工业安全与环保（8）：19-20.

张文博，马旭洲，2020. 2000 年来中国水产养殖发展趋势和方向 [J]. 上海海洋大学学报，29（5）：661-674.

张晓青，成玉，司晓光，等，2020. 藻类生物膜载体的优选试验 [J]. 工业用水与废水，51（4）：46-49.

张圆圆，冯建新，屈长义，等，2017. 生物膜净水栅栏改善池塘养殖水环境初探 [J]. 河南水产（4）：19-20.

张哲，2011. 鳗鲡循环水养殖中水处理技术与养殖效果的研究 [D]. 厦门：集美大学.

张重阳，陈明，冯国富，等，2019. 基于多特征融合与机器学习的鱼类摄食行为的检测 [J]. 湖南农业大学学报（自然科学版），45（1）：97-102.

赵倩，2020. 同步硝化反硝化脱氮除磷及 N_2O 和 NO 产生特征研究 [D]. 西安：长安大学.

周雨婷，2020. 水生动植物修复城市景观水体的应用研究 [D]. 重庆：重庆工商大学.

Alanezi M A，Bouchekara H R E H，Javaid M S，2021. Range-Based Localization of a Wireless Sensor Network for Internet of Things Using Received Signal Strength Indicator and the Most Valuable Player Algorithm [J]. Technologies，9（2）.

Chen Z，Wang X，Chen X，et al.，2018. Nitrogen removal via nitritation pathway for low-strength ammonium wastewater by adsorption, biological desorption and denitrification [J]. Bioresource Technology，267.

Crab R，Avnimelech Y，Defoirdt T，et al.，2007. Nitrogen removal techniques in aquaculture for a sustainable production [J]. Aquaculture，270（1-4）：

1 - 14.

Elham A, Arjomand M Z, Seyed M B, et al. , 2019. Optimising nutrient removal of a hybrid five-stage Bardenpho and moving bed biofilm reactor process using response surface methodology [J]. Journal of Environmental Chemical Engineering, 7 (1).

Fan L, Liu Y, 2013. Automate fry counting using computer vision and multi-class least squares support vector machine [J]. Aquaculture, 380: 91 - 98.

Feng Q, Di Z, Li H, 2015. Research on smart bait casting machine based on machine vision technology [J]. Chinese Journal of Engineering Design, 22 (6): 528 - 533.

Hui Q J, Ju L P, Juan L H, 2002. Double catholyte electrochemical approach for preparing ferrate-aluminum: a compound oxidant-coagulant for water purification [J]. Journal of Environmental Sciences (1): 49 - 53.

Kelly L A, Malcolm C M B, Donald J B, et al. , 1995. 'Aquaculture and Water Resource Management' An International Symposium held at the University of Stirling [J]. Aquaculture Research, 26 (8): 21 - 25.

Li D, Qu J, 2009. The progress of catalytic technologies in water purification: A review [J]. Journal of Environmental Sciences, 21 (6): 713 - 719.

Lindsay A S, Caitlyn A S, Michael D L, et al. , 2007. LakeNet: An Integrated Sensor Network for Environmental Sensing in Lakes [J]. Environmental Engineering Science, 24 (2).

Parmentier E, Fine M L, Mok H, 2016. Sound production by a recoiling system in the pempheridae and terapontidae [J]. Journal of morphology, 277 (6).

Robert K, Jolanta L, Monika M, et al. , 2021. Comparison of the Possibilities of Environmental Usage of Sewage Sludge from Treatment Plants Operating with MBR and SBR Technology [J]. Membranes, 11 (9).

Wang Z, Liu C, 2014. Application and Development of Oxidation Ditch Process in Wastewater Treatment [J]. Advanced Materials Research, 3248: 955 - 959.

Xu D, Wan J, Xu D, et al. , 2020. Chelation of metal ions with citric acid in the ammoniation process of wet-process phosphoric acid [J]. The Canadian Journal of Chemical Engineering, 98 (3).

Ye Z, Zhao J, Han Z, et al. , 2016. Behavioral characteristics and statistics-based imaging techniques in the assessment and optimization of tilapia feeding in a recirculating aquaculture system [J]. Transactions of the ASABE, 59 (1): 345 - 355.

Zhang G, Chen L, Chen J, et al. , 2012. Evidence for the Stepwise Behavioral Response Model (SBRM): The effects of Carbamate Pesticides on medaka (*Oryzias latipes*) in an online monitoring system [J]. Chemosphere, 87 (7).

Zhao J, Gu Z, Shi M, et al. , 2016. Spatial behavioral characteristics and statistics-based kinetic energy modeling in special behaviors detection of a shoal of fish in a recirculating aquaculture system [J]. Computers and Electronics in Agriculture, 127: 271 - 280.

图书在版编目（CIP）数据

特色淡水鱼类健康养殖模式与技术：罗非鱼 加州鲈
鳗鲡／全国水产技术推广总站编 .—北京：中国农业
出版社，2022.10
ISBN 978-7-109-30022-4

Ⅰ.①特… Ⅱ.①全… Ⅲ.①罗非鱼－淡水养殖②河
鲈－淡水养殖③鳗鲡－淡水养殖 Ⅳ.①S965.1

中国版本图书馆 CIP 数据核字（2022）第 168420 号

特色淡水鱼类健康养殖模式与技术
——罗非鱼 加州鲈 鳗鲡
TESE DANSHUI YULEI JIANKANG YANGZHI MOSHI YU JISHU
——LUOFEIYU JIAZHOULU MANLI

中国农业出版社出版
地址：北京市朝阳区麦子店街 18 号楼
邮编：100125
责任编辑：肖 邦 王金环
版式设计：杜 然 责任校对：吴丽婷 责任印制：王 宏
印刷：中农印务有限公司
版次：2022 年 10 月第 1 版
印次：2022 年 10 月北京第 1 次印刷
发行：新华书店北京发行所
开本：880mm×1230mm 1/32
印张：4.5 插页：6
字数：153 千字
定价：58.00 元

 — Tilapia属　*T.zillii*
齐氏罗非鱼

 *O.aureus*
奥利亚罗非鱼

*Oreochromis*属

O.niloticus
尼罗罗非鱼

 — *Sarotherodon*属　*S.galilaeus*
伽利略罗非鱼

彩图 1　常见罗非鱼及其分类地位
（图片来源：顾党恩）

彩图 2　尼罗罗非鱼外形特征

彩图 3　奥利亚罗非鱼外形特征
（图片来源：顾党恩）

彩图 4　莫桑比克罗非鱼外形特征
（图片来源：顾党恩）

彩图 5　罗非鱼新品种"粤闽一号"
（图片来源：中国水产科学研究院
珠江水产研究所）

彩图 6 罗非鱼新品种"壮罗一号"
（图片来源：广西壮族自治区水产科学研究院）

彩图 7 池塘高密度养殖的罗非鱼
投喂抢食场景

彩图 8 加州鲈新品种"优鲈 3 号"

彩图 9 加州鲈外形

日本鳗鲡

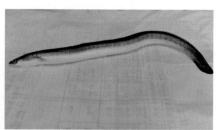

欧洲鳗鲡

美洲鳗鲡

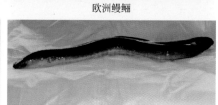

双色鳗鲡

花鳗鲡

莫桑比克鳗鲡

彩图 10 不同品种的鳗鲡

彩图 11　养殖的鳗鲡

彩图 12　罗非鱼养殖池

彩图 13　海南省临高县博厚镇罗非鱼良种场

彩图 14　宝路公司自主研发的水质调节产品

彩图 15　宝路公司临高基地生态循环养殖

彩图 16　海南文昌溪尾罗非鱼养殖场

彩图 17　海南勤富食品有限公司

彩图 18　罗非鱼肉

彩图 19　海南勤富食品有限公司罗非鱼加工厂

彩图 20　广州顺源公司池塘工程化循环水环保养殖设施及
智能化投饵和水质监测设备

彩图 21　广州顺源公司水质生态净化区"池塘种稻"

彩图 22　广州顺源公司养殖尾水收集系统及
水质生态净化区"池塘种稻"

彩图 23　广州顺源公司水槽中养殖的 1 千克左右、
4 500～5 000 尾/水槽的大规格罗非鱼

彩图 24　福建光泽崇仁信义公司养殖基地

彩图 25　广州容大水产公司养殖基地一角

彩图 26　广州容大水产公司苗种生产车间

彩图 27　广州容大水产公司室内苗种生产与标粗

彩图 28　广州容大水产公司成鱼养殖

彩图 29　漳平市珲源水产养殖有限公司全景

彩图 30　建宁渠村新马生态养殖有限公司
内循环养鳗系统实景

彩图 31　漳平市珲源水产养
殖有限公司内循
环养鳗系统实景

彩图 32　漳平市珒源水产养殖有限公司外循环尾水处理池

彩图 33　漳平市珒源水产养殖有限公司板框压滤机安装现场

彩图 34　建宁渠村新马生态养殖有限公司外循环尾水处理池

彩图 35　惠州市华龙永利公司养殖场俯视图

彩图 36　惠州市华龙永利公司车间

彩图 37　惠州市华龙永利公司养殖的鳗鲡